從宇宙大爆炸到銀河之謎

圖解 最想探知的部份！

# 不可思議的宇宙

MYSTERY OF THE UNIVERSE & RIDDLE ON THE COSMOLOGY

東京大學教授　理學博士
鳥海光弘／監修
愛德華 編

物理學　博士
李精益／審訂
徐華鍈／譯

# ★★★ 前言 ★★★

宇宙的景象，就如同是一面反映出該時代的鏡子。而且，那也是長久以來人類熱切關心的對象所在。遠自古代的巴比倫時代便有星象的觀測活動。就連古代的中國也架設有天文台，對星球的運行進行詳細的調查。到了16・17世紀的文藝復興時期，李奧納多・達・文西(Leonardo da Vinci, 1452～1519，義大利畫家、雕刻家、建築師、科學家)、伽利略(Galileo, 1564～1642，義大利天文學家和物理學家)和哥白尼(Nicolas Copernicus,1473～1543，波蘭天文學家)開始著手探討宇宙形成的過程。

接著，科學史上最波濤洶湧的20世紀來臨。現代科學提出了探討宇宙時不可或缺的兩項前提，宇宙探索的漫長旅程從此正式拉開序幕。

其一便是愛因斯坦(Albert Einstein, 1879～1955，德國理論物理學家)的相對論。這個理論的誕生強烈地刺激著每個想要得知宇宙構造的人的欲求，巨大的望遠鏡、電波望遠鏡和X射線望遠鏡相繼被研發出來。此舉將人類目光所及之處一下子擴展到宇宙遙遠的盡頭。而正因我們所見到的100億光年遠的星系，其實是遠在100億年前的光，時間上甚至可以追溯到宇宙的初期。

就在愛因斯坦的理論誕生的20世紀初，無巧不成書地，另一項前提學說的量子力學也在此時形成了。那是一個以基本粒子的運動來解釋世界形成的一些基本理論的學說。

同時，星球之所以能歷經數十億年到一百億年的時間，持續不斷地發光的原因，也被證實是因爲原子核內部的核融合反應所致。

然而，宇宙卻是個遠遠超過人類想像的存在。距離越遠的恆星和星系，退行的速度也就越快，遠方的星系會發出脈衝電波信號，其他還有白鳥座中有一顆散發著強力X射線的星球等事都相繼地被發現了。從這些發現，我們瞭解到一個基本的事實，那就是宇宙一直都在膨脹著。

而膨脹這個事實，便意味著若是將時間往回推的話，宇宙曾經只是個超微小的一點罷了。那麼，倘若將最新的宇宙論再加上有名的宇宙大爆炸的假設，便會叫人聯想到在那一瞬前必定是發生了個更爲急速的暴脹(inflation)。

愛因斯坦利用光線行經的路徑發明了表現宇宙形成的方程式。透過這個方程式，我們瞭解到過大的密度會使得空間產生極大的扭曲，也代表著光的行進發生扭曲的意思，因此可以推論得知擁有高密度的物體是無法發出光芒的。換言之，有一些外在無法顯現出來，卻具有相當質量的物體，正隱藏在這個宇宙之中。

質量大必定會爲周遭的星球運動或行徑帶來極大的影響。這個影響會造成非常強烈的X射線的發射。如此一來，稱之爲黑洞的星球的存在於是獲得了證實。

此外，宇宙更激勵了人類的好奇心。現在相當活躍的哈伯太空望遠鏡，在太陽系以外的恆星旁，發現了行星的存在。同時在一些恆星周圍，也發現有尚未形成行星的圓盤狀的濃密雲氣。這麼說來，地球這個美麗的水之行星，以及木星和土星等巨大的行星在誕生之際，太陽的四周想必也是佈滿了厚重的圓盤狀雲層，而在和這雲層呈現垂直的方向上，則有著來自太陽的超高速氣流。我們又再次領受到了宇宙旺盛的生命力。

還有另一個不能被遺忘的發現，那就是月球表面無數的大小坑洞。當阿波羅11號第一次將人類運送至其他的天體時，便爲了要證實形成這些無數凹洞的激烈隕石或小行星的衝撞究竟是何時發生的，也爲了查驗這些物質中是否有生命和水分的跡象，採集了許多岩石的標本。

當時便有個在電視的座談會上現場轉播月球表面上採集岩石的狀況時所發生的一段小插曲。在現場代表月球岩石分析的日方研究者的東大教授久野先生，竟突然朝著畫面上的阿姆斯壯大聲喊道：「就是那塊岩石，請將它採集下來」。

而當時所採集帶回的岩石，幾乎清一色是從38億年到32億年前之間，和隕石或小行星發生撞擊時，月球表面或內部融解所流出的熔岩。由這個結果可以推知，太陽系的行星在歷經46億年到30億年前極端激烈的活動後，幾乎已成爲一個完全寂靜的世界了。

不過，之後的行星探測太空船，卻陸續發現了現在仍持續噴出巨大火燄的木星衛星的伊歐衛星(Io)的火山，以及裂開不久馬上又被冰原覆蓋的土星衛星的米蘭達(Miranda)等事實，顯示出行星和衛星依然是富有生命力的。另外，在被厚重雲務所團團遮蔽的金星上，也發現有活動中的火山和大規模的熔岩流出等現象。因此，現在的太陽系可以說是和地球一樣，擁有極爲旺盛的生命力的。

而美國國家航空暨太空總署（NASA）在1996年報告指出，在自火星飛來的隕石之中，發現有30多億年前的細菌痕跡。那線條狀的痕跡究竟是什麼呢？是生命的痕跡嗎？亦或是無機作用下的產物呢？這正是目前世界最熱門的話題新聞。

未來的21世紀，相信仍會是人們繼續探索這個充滿驚奇的新世界的時代。透過這本書的介紹，或許可以讓大家感受到那種興奮、高漲的好奇心吧！同時，相信大家也能夠藉由本書深切地感受到，自己生活的這個時代是如何地振奮人心的。

烏海　光弘

CONTENTS

最想探知的部份！

# 不可思議的宇宙

目錄

序言



## 探索宇宙的基本問題

### 對於宇宙的結束和開頭的瞭解有多少？

CONTENTS

# PART 1

## 有生命的宇宙

在大霹靂宇宙論中，是如何說明宇宙的過去、現在、未來的呢？

CONTENTS

PART 2

## 多不可計的宇宙之謎

放眼世界中的研究者們專注心力所從事的最先進研究課題

PART 3

## 銀河系和太陽系的趣味百科

投入滿天星辰閃爍的光海中——永無盡頭的夜間飛行

CONTENTS

CONTENTS

## PART 4

# 宇宙論．宇宙觀的歷史

以特出新穎的方式探尋古代宇宙觀到現代宇宙論間的演進流程

# PART 5

## 宇宙探測和太空開發的進展與未來

從美蘇的研發競爭到未來的太空站、日本的努力投入

CONTENTS

CONTENTS

# 輕鬆瞭解宇宙熱門話題和最先進技術

★立體的星座和銀河會是什麼樣子呢？
★製造出有１兆個之多的銀河的巨大氣泡構造是什麼？
★宇宙的盡頭會是什麼樣子？
★宇宙有所謂的開始和結束嗎？
★常識無法觸及的最新宇宙論
★最先進的宇宙論是如何進行研究的呢？

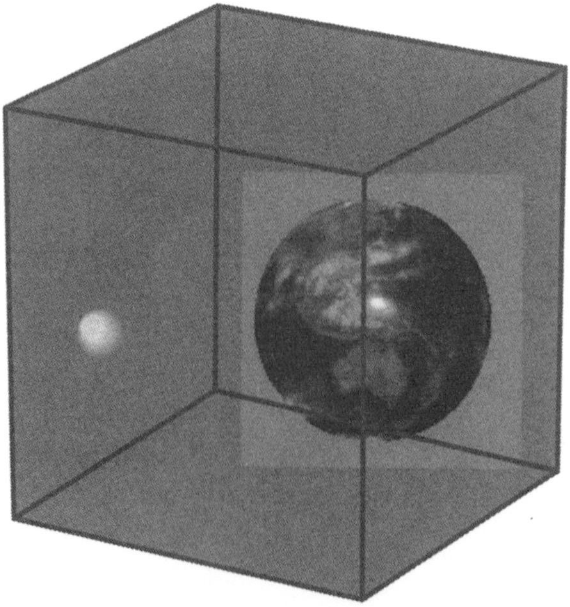

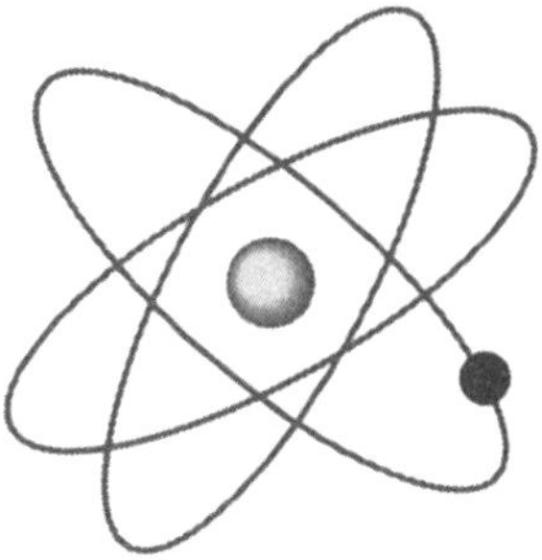

對於宇宙的結束和開頭的瞭解有多少？

PROLOGUE

# 探索宇宙的基本問題

# 1 立體的星座和銀河會是什麼樣子呢？

## ★肉眼所見的星空只是恒星的巨大集團—銀河系中極小的一部份！

### ◆恆星、行星、衛星、彗星……。即使是星星也有各式各樣？

在高原或山麓仰首夜空，總讓人在驚嘆於繁星閃爍的美景之餘，更對那宇宙盡頭所隱含的神秘倍感好奇吧！

想要解開宇宙的謎團，首先得從眼前爲大家所熟知的宇宙開始介紹起。

宇宙之中和我們最近的，莫過於太陽這個天體了。太陽是個直徑爲地球的109倍，體積則爲130萬倍的氫氣火球，並藉由如同氫彈爆炸時進行的核融合反應而散放出耀眼的光芒。

像太陽這種自己會發光的星體稱之爲＊**恆星**，幾乎在夜空中閃閃發亮的星星們，都是一些遠在他方，如太陽般發光的恆星。

另外，我們所居住的地球，則是沿一定軌道環繞太陽（公轉）的＊**行星**。而因「黃昏的亮星」、「拂曉的亮星」而聞名的金星等，也是繞著太陽公轉的行星，稱得上是地球的拜把兄弟吧！此外，在行星周圍進行公轉的，則稱之爲＊**衛星**。

行星和衛星本身是無法發光的，只能反射太陽的光線。證據便在於用雙筒望遠鏡觀看鄰近的金星時，可以發現它和月亮一樣有著陰晴圓缺的變化。

＊恆星
是構成天蠍座和獵戶座等星座的主要角色。意謂著「恒遠（長久）出現在同一位置關係的星體」。

＊行星（PLANET）
地球以外的行星因軌道或公轉週期的關係，便會隨著季節的移轉像是漂流在星座潮流之中一樣。因而被稱之為「行星」或是「游星」。

＊衛星（SATELLITE）
地球的衛星只有月球一個，而木星的衛星卻有16個之多。

## 恆星和行星

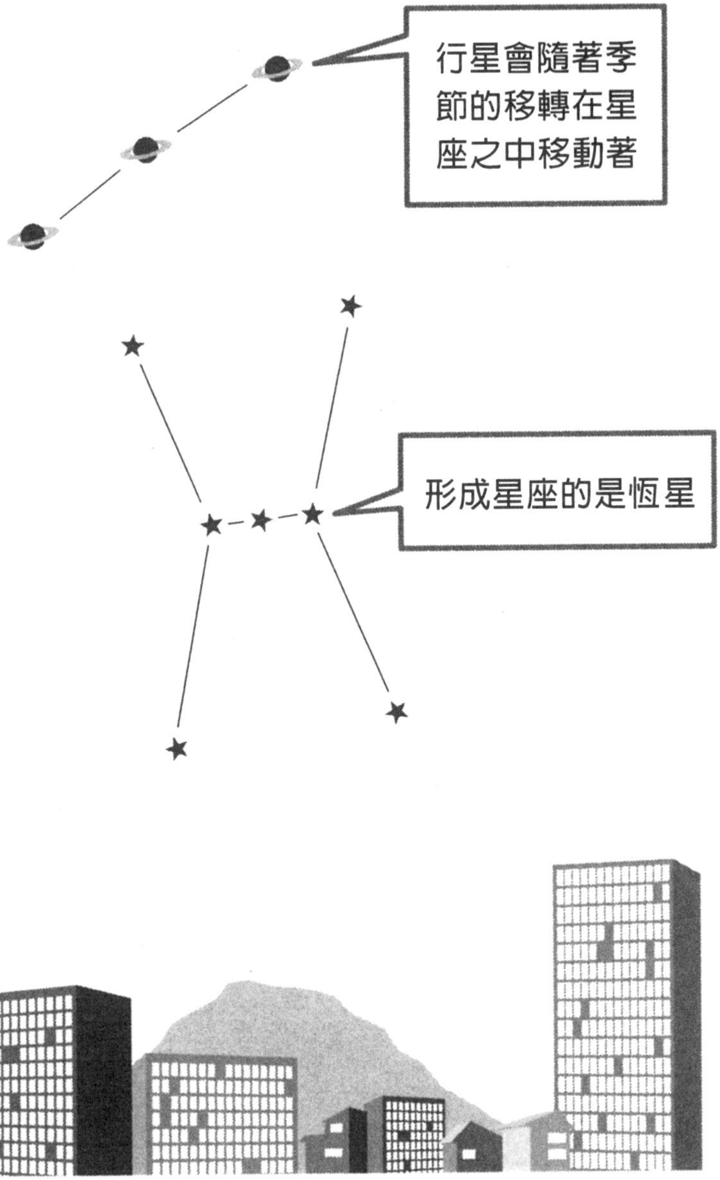
行星會隨著季節的移轉在星座之中移動著
形成星座的是恆星

就在最近，人們才透過太空天文台——哈伯太空望遠鏡的運用，陸續地發現了存在於太陽系以外的行星。

通常，在太陽強大的引力支配之下的範圍稱之爲太陽系。而除了包括地球在內的9個行星之外，還有爲數衆多的*彗星也繞著太陽公轉。不過，或許正因爲彗星的軌道大都是些細長的橢圓形，一旦偏離太陽便會往遙遠的彼端飛去，而且一去便是數十年。唯有當它「出現」在太陽附近時，才是觀測的最佳時機。

其他被冠以「星」字輩的還有流星。所謂的流星，其實就是衝入大氣層的隕石因和大氣發生摩擦而燃燒發光的一種現象。幾乎所有的流星都會在我們許完願後不久即燃燒個精光，倘若地球沒有大氣層的存在，或許就要變得跟月球表面一樣滿是坑洞了。

## ◆銀河是銀河系的剖面圖

現在，讓我們把規模慢慢地擴大至全宇宙，探討一下太陽系以外的世界吧！

太陽隸屬於銀河系這個恆星的大集團。而銀河系則是個由2000億之多的恆星集結成帶旋臂的圓盤狀的*星系。雖說是集結，但從太陽系到鄰近的恆星間的距離，卻約有地球和太陽間距離的100萬倍之多。總之，因爲宇宙的規模是如此地浩瀚，我們肉眼所能見到的恆星，也僅只限於銀河系之中較爲接近的明亮恆星罷了。

此外，在銀河系的圓盤和水平方向上則有著無數的恆星像是彩霞般地，把地球團團地包圍住。或許，被稱之爲*銀河的這條光帶，才是由內側所見到的銀河系的剖面圖吧！

*彗星(COMET)別名「掃把星」。因其名稱多如「哈雷彗星」般取自發現者之名，對於業餘天文家們而言，可說是最崇高無比的勳章了。

*星系（GALAXY）由於歷史上的原因，從前將銀河系之外的星系稱為「星雲」（NEBLA），但易與星際氣體組成的星雲混淆。所以，現在天文學上正式稱呼恆星集結而成與銀河系同一層次的天體為星系。

*銀河(MILKY WAY)一個個的恆星因距離太遠而無法以肉眼看到者。

## 太陽系和銀河系

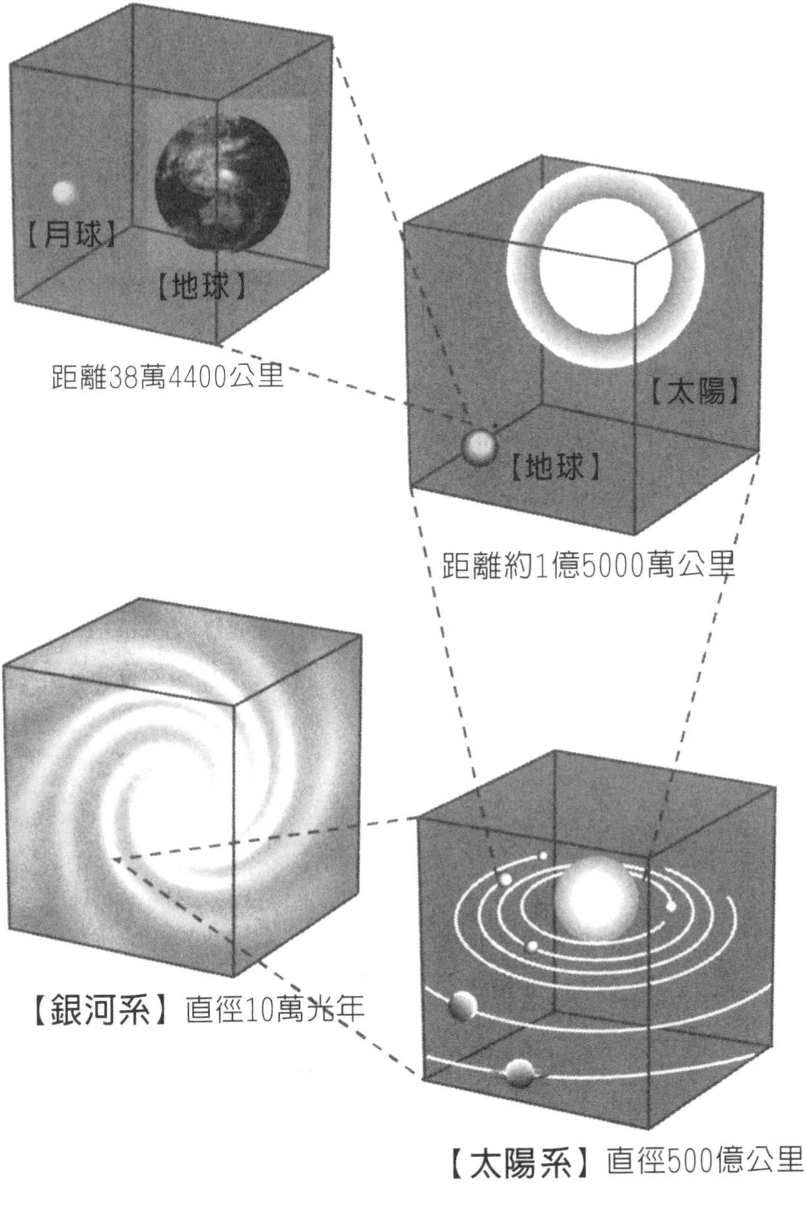

【月球】
【地球】
距離38萬4400公里
【太陽】
【地球】
距離約1億5000萬公里
【銀河系】直徑10萬光年
【太陽系】直徑500億公里

# 銀河系的外側會是什麼樣子？

## ★製造出有多達1兆個星系的巨大氣泡之構造是什麼？

### ◆仙女大星雲是銀河系之外的另一個星系

除了我們所隸屬的銀河系之外，宇宙中還散佈有無數個同樣的恆星大集團——*星系。據說其數目約有1兆個之多，但肉眼可見的卻只有仙女座大星雲、大麥哲倫雲和小麥哲倫雲等。

在仙女座大星雲之外，銀河系周圍還有約30個左右的星系所構成的集團，稱之爲星系團。

而這些星系團又和室女座**星系團**等約50個成員集結成***超星系團**。

### ◆包圍著不存在星系的廣大空間——空洞(VOID)的氣泡構造

由此可知，恆星和星系在宇宙之中並非均勻分布，而是集結成團的。

或許是因爲這樣的緣故，在宇宙中形成了許多被稱之爲***空洞(VOID)**的中空地帶。就如同肥皀泡泡般的一種物體，而所謂的超星系團，則好比如由細絲線所製成的鎖鍊或網目般，張貼在這個肥皀泡泡膜表面一樣。這就稱之爲宇宙的氣泡構造。

我們目前所瞭解的宇宙構造，便如上述。

*星系
亦稱之為「銀河系外星雲」或「系外銀河」。

*星系團
比銀河群規模更大的銀河的集團。

*超星系團
分佈的面積極廣，但厚度卻只有其直徑的5分之1左右。

*空洞(VOID)
1981年所發現的構造。

## 有層次的宇宙模樣

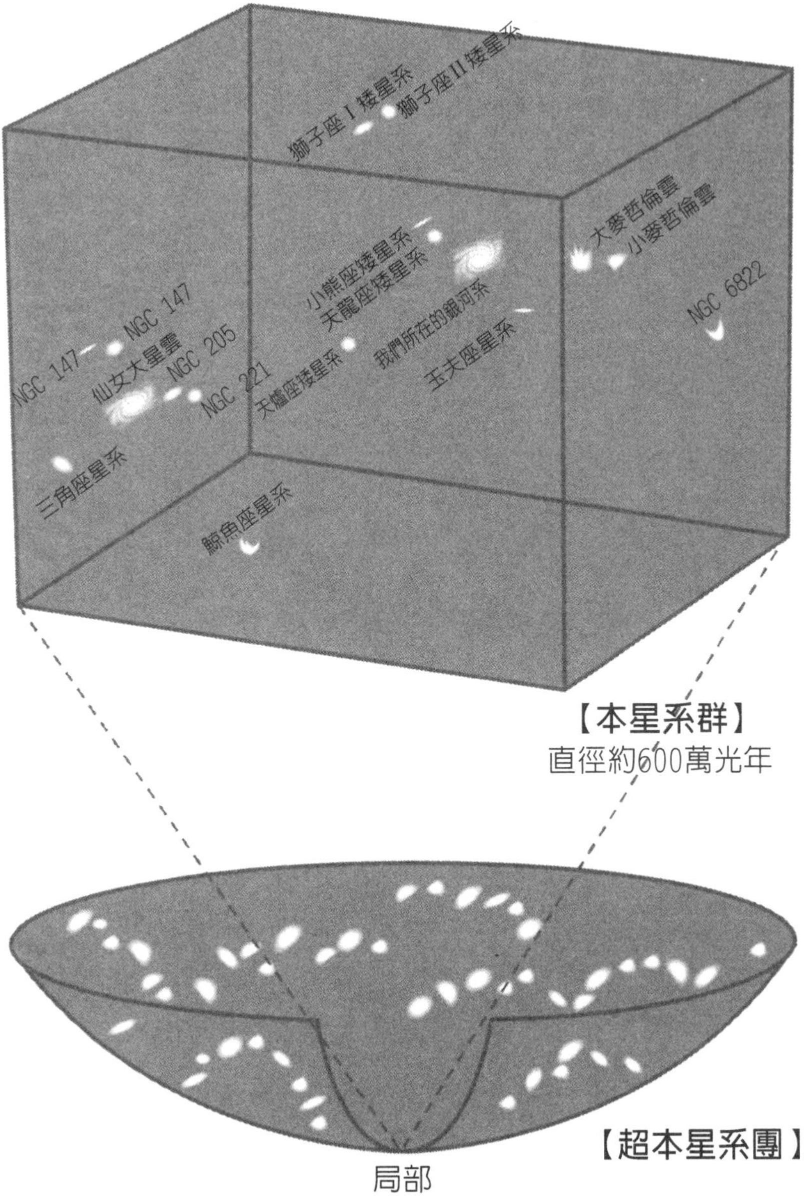

獅子座I矮星系
獅子座II矮星系
大麥哲倫雲
小麥哲倫雲
NGC 6822
小熊座矮星系
天龍座矮星系
我們所在的銀河系
玉夫座星系
天爐座矮星系
NGC 147
NGC 147
仙女大星雲
NGC 205
NGC 221
三角座星系
鯨魚座星系
【本星系群】
直徑約600萬光年
【超本星系團】
局部

# 3 宇宙的盡頭會是什麼樣子？

## ★宇宙的大小應該是有150億光年的!?

### ◆超星系團的直徑約3億光年

不過，宇宙究竟有多大呢？

首先，太陽和地球的距離就有1億5000萬公里，約為地球直徑的1萬倍，而太陽系的直徑則是1500億公里。再下來的數字可說是極為龐大的，因此只好把距離改用＊光年來表示。據稱，銀河系的直徑約為10萬光年，而星系群的直徑大約是600萬光年，超星系團的直徑則約有3億光年之多。

### ◆到頭來，要看見宇宙真正的盡頭還是不可能的？

宇宙本身的大小，實際上至今仍是個謎。硬是要說出個數字的話，那就是150億光年吧。因為，我們所見所知的宇宙範圍，其實就只是光線所能到達的一個範圍罷了，若是依據＊宇宙的誕生是在150億年前的說法，那麼從誕生至今光所前進的距離，亦即150億光年便成為宇宙的大小了。

而且，關於宇宙持續＊膨脹中的說法也早已成為一種定論。如此一來，宇宙較為遙遠的地方便會因為比光線更加快速離去的緣故而無法看見了。因此，即便我們是站在光所能到達的範圍內的宇宙盡頭上，往後仍然會出現有其他新的宇宙盡頭也說不定。

＊光年
光1年所能前進的距離。有9兆4607億公里之多。

＊宇宙的誕生
關於宇宙的年齡一事，有採自哈伯太空望遠鏡的觀測結果所得的73億年～112億年的說法，以及銀河的年齡為160億年以上等種種說法，眾說紛紜。

＊宇宙的膨脹
——參照46頁

## 超星系團好比在宇宙氣泡構造的表面

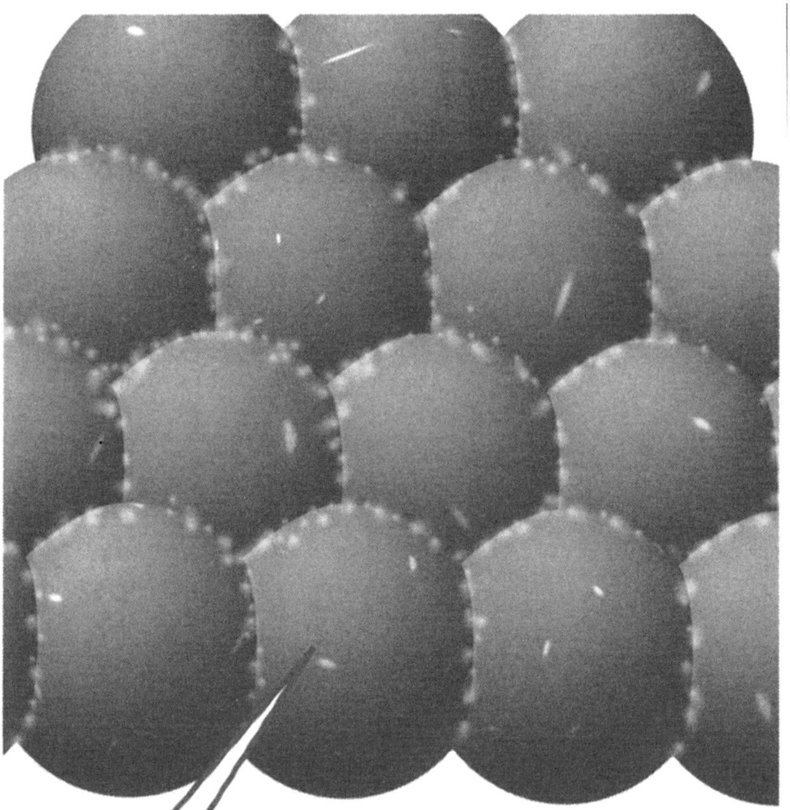

宇宙中有一種內部不存在星系
被稱為「空洞」的區域
超星系團便貼附在其邊緣之上

# 4 宇宙有所謂的開始和結束嗎？

## ★常識無法觸及的最新宇宙論

### ◆愛因斯坦也深信不移的「不變的宇宙」

宇宙有所謂的開始嗎？倘若眞有開始的存在，那麼之前是否就是什麼都沒有的呢？而宇宙又會是永久存在的嗎？亦或是終有結束的一天來臨呢………？

試圖回答上述這些問題的，就是所謂的宇宙論。在20世紀初之前的宇宙論，普通認爲宇宙是既沒有開始也沒有結束的。就連那位赫赫有名的*愛因斯坦先生，剛開始也是支持這種說法的。

### ◆宇宙是因大霹靂而開始的!?

然而，隨著後來觀測技術的進步，宇宙處於膨脹中的事實漸趨明朗化，新的宇宙論的提出已是件刻不容緩的事。

不過，宇宙仍在膨脹中這件事，也就代表著若是將時光倒流的話，宇宙在最初便是從一個點起頭的。於是，***大霹靂**的假設便登場了。「大霹靂」就是「巨大的爆炸」之意。亦即如點般的小火球引發一場無法想像的大爆炸，而宇宙便因而誕生。

***霍金**等人所提出的現今一些有力的宇宙論，便是以這個大霹靂爲前提的。

*愛因斯坦
——參照176頁

*大霹靂(BIG BANG)
BIG是「巨大的」，BANG則是「爆炸」之意，而早先對此理論持反對意見的學者們，則藉機嘲弄其為「天方夜譚的理論」而以吹破大牛皮之意的「BIG BANG」來稱呼。

*霍金
——參照100頁

## 宇宙正在膨脹中！

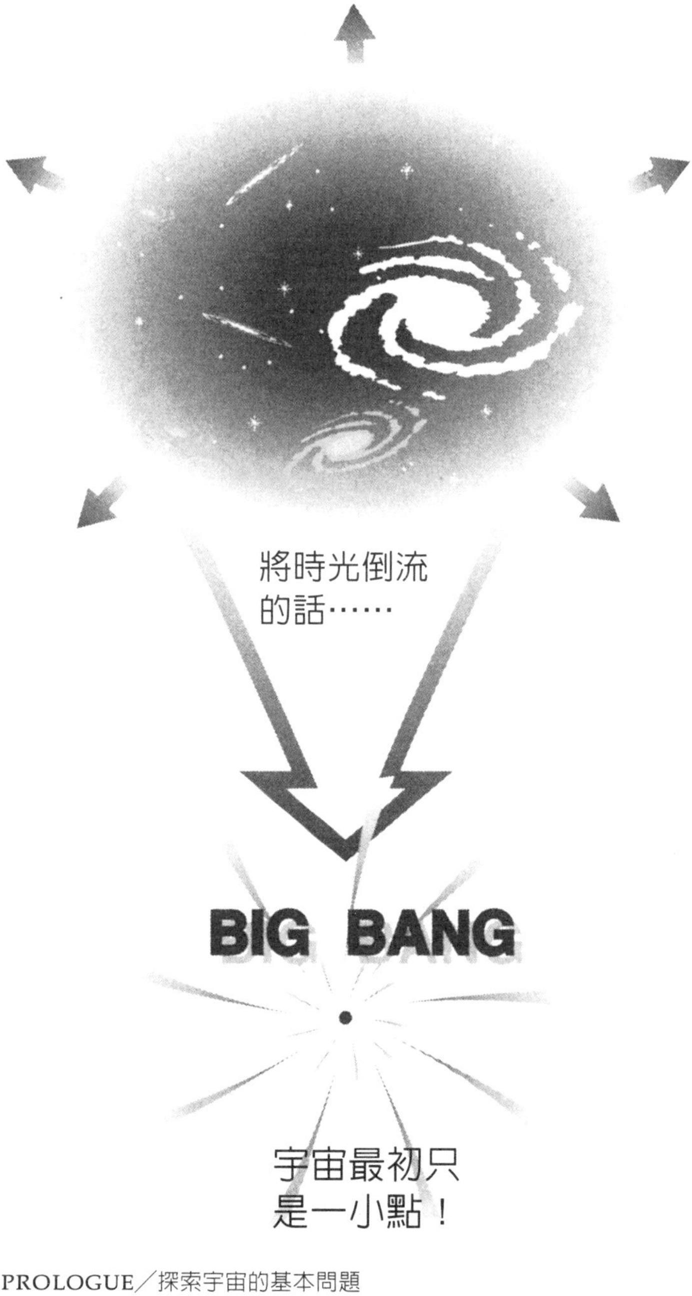

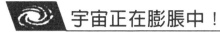

# 5 最先進的宇宙論是如何進行研究的？

## ★高性能望遠鏡＋量子物理學解開了宇宙之謎

### ◆光、紅外線、電波……電磁波的天體觀測讓視野直達宇宙深處！

我們究竟要如何才能知道宇宙的構造呢？那當然就得靠宇宙觀測了。觀測宇宙最初靠的就是我們的肉眼，現在則有可以觀測各種光的望遠鏡可供使用。而此處所指的各種光又是什麼呢？其實，光不過是被稱爲＊**電磁波**的物質中的一種罷了，正確的稱法是可見光。

就如同電磁波中所使用的「波」字一樣，它擁有波的特性。在平靜的水面投入一顆小石頭，波就會描繪出個圓地逐漸擴散開來吧。電磁波的傳播便也如同這水波一樣。波峰與波峰間的距離稱爲波長，依照波長的長短，電磁波可分爲X射線、紫外線、可見光、紅外線和電波等。

從天體所發出的不單只有光，還包含有上述各式各樣的電磁波，藉由觀測這些電磁波，一些先前無法看得到的遙遠宇宙的各種現象也得以呈現在我們眼前。

例如＊**電波望遠鏡**被用在銀河和星雲等的觀測上，而星際物質或剛形成的新星則可以透過＊**紅外線望遠鏡**來觀測。另外，就如同哈伯太空望遠鏡一樣，在大氣層外的宇宙觀察也不再是一種空談，現今的觀測技術正朝著宇宙的盡頭往前邁進中。

＊電磁波
太陽所發出的除了可見光以外，還有所謂的電磁波。紅外線令人有熱的感覺，紫外線則會曬傷皮膚。

＊為與這些望遠鏡有所區別，因此稱觀測光的望遠鏡為光學望遠鏡。

＊哈伯太空望遠鏡
由太空中心發射搭載於人造衛星上的望遠鏡。名稱取自於天文學家哈伯(—參照180頁)的名字。

## 來自宇宙的種種電磁波

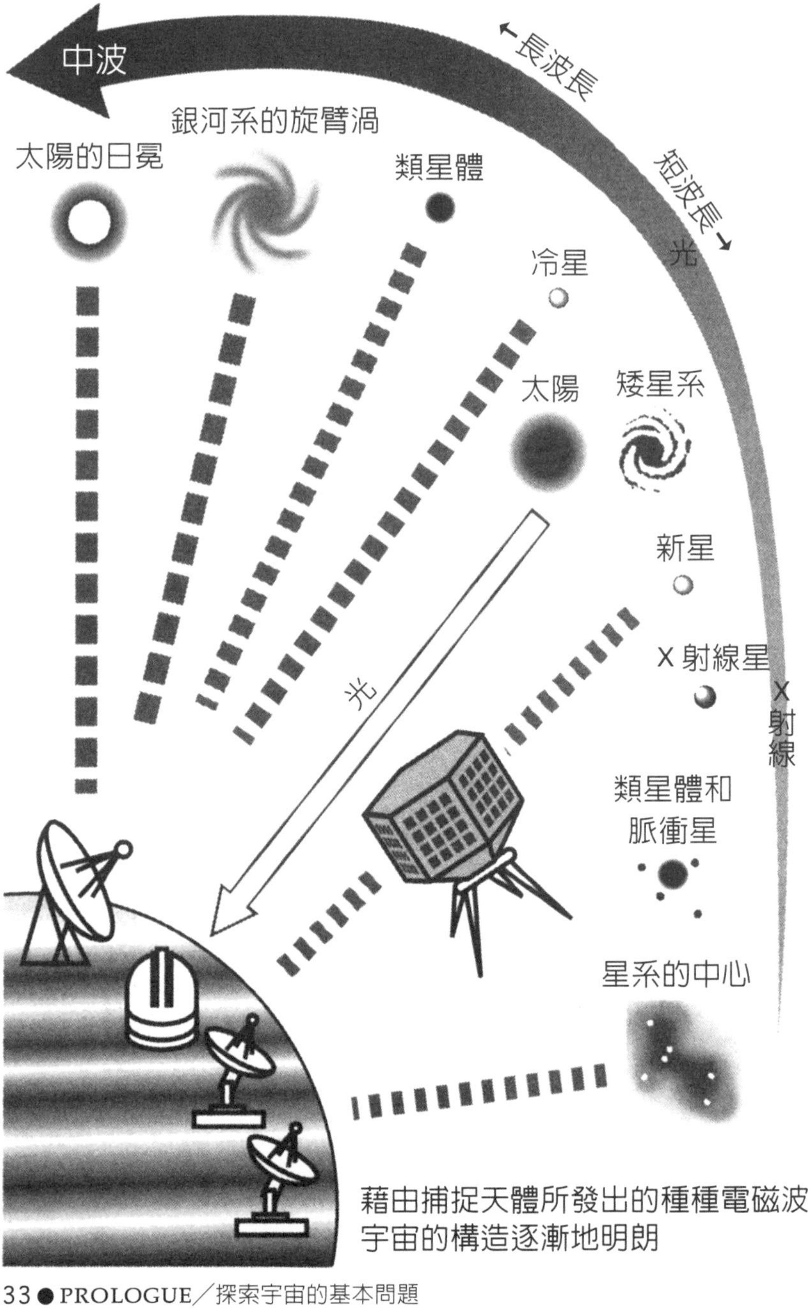


藉由捕捉天體所發出的種種電磁波
宇宙的構造逐漸地明朗

## ◆支撐著宇宙論的超微觀世界的物理學

隨著觀測技術的進步，支撐著現代宇宙論的也轉爲以微觀世界爲研究對象的物理學。說是微觀或許有些意外，然而，瞭解了我們這個地球在微觀之下所呈現的狀態，在宇宙的探索中也是個極大的啓發。因爲，地球本就是宇宙的一部份啊！

就比如身爲地球一部份的人類是由細胞所構成，細胞又是由分子所構成，分子則是由原子所構成。而且，宇宙中的所有一切物質，據說都是由103個原子的組合而成的。但是，原子還是可以再加以細分的。

細節將在PART 1中解說，但構成原子的則是電子和一種稱做**夸克**(quark)的更小的粒子。這些所謂的*__基本粒子__，被認爲是宇宙間一切物質的最終極的組成部分。爲什麼在宇宙的話題中會牽扯出基本粒子的問題來呢？或許有人會感到茫然吧！但事實上，宇宙是由比基本粒子更小的狀態下演化而來的，這是以大爆炸爲前提的現代宇宙論的主要觀點。爲了瞭解那誕生的瞬間，我們就必須先弄清楚基本粒子的世界究竟是怎麼一回事。

原子的大小是1億分之1公分，基本粒子則是它的10萬分之1。而在另一端，宇宙的大小則達150億光年。透過超微觀世界的研究，以及各種望遠鏡所觀測到的超宏觀宇宙的景象，新的宇宙創生的故事，亦即現代的宇宙論於是誕生了。

*基本粒子
——參照52頁

## 微觀世界話宇宙

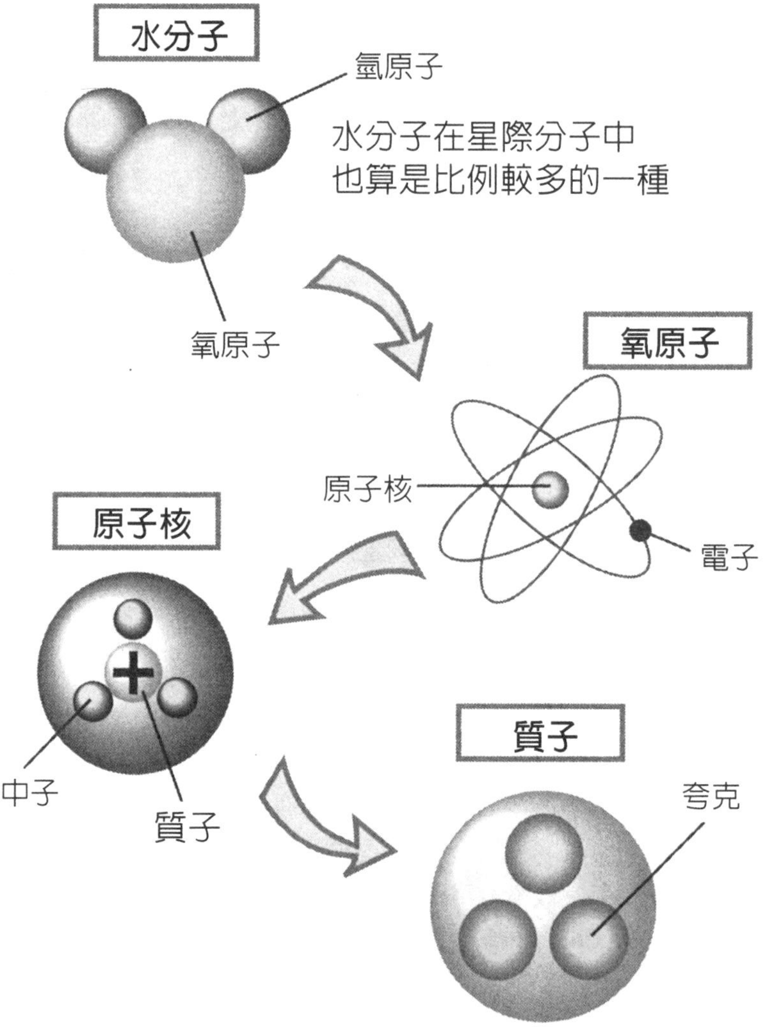


宇宙是從比電子和夸克等基本粒子
更小的狀態下誕生而來的！

★宇宙是如何出現的？
★急劇的宇宙膨脹
★基本粒子的滾燙熱湯是大霹靂的真面目
★何謂「宇宙的放晴」？
★銀河系、太陽系、地球的誕生之謎
★星球的生命週期
★宇宙的未來會變成如何呢？

在大霹靂宇宙論中，
是如何說明宇宙的過去、現在、未來的呢

PART ❶

# 有生命的宇宙

# 1 大霹靂宇宙論是個怎麼樣的理論？

## ★最新宇宙論是膨脹假設＋大霹靂假設

### ◆從原子彈爆炸聯想而得的宇宙創生大霹靂

大霹靂宇宙論，可說是現代宇宙論的範本。這是在１９４８年，由俄裔美籍物理學家的喬治・加莫(GAMOW,1904～1968)所提倡的理論。簡而言之，就是一種主張「宇宙是以超高溫的火球型態誕生的」的理論。而這個理論，正是對**＊宇宙的膨脹**此一觀測結果所做的回覆之一。

宇宙處於持續膨脹中的事實，也就等於說明了過去的宇宙是非常渺小的。如此說來，別說是銀河，連一顆星球都無法容納時的渺小宇宙，究竟是怎樣的一個光景呢？我們的心中不免出現了這樣的疑問。

因此，加莫運用當時原子核研究上已得到的成果後，於是形成了宇宙的開端乃是個一切物質都無法以目前的形體存在的「火球」狀態的構想。而由於原始火球的爆炸威力，宇宙至今仍持續在膨脹之中。

而加莫的這個大霹靂的構想靈感，據說是來自於**＊原子彈爆炸**的光景。

### ◆大霹靂所無法說明的!?

大霹靂理論是個極具劃時代意義和衝擊性的宇宙模型。也或許是因爲這個原因

＊宇宙的膨脹
１９２９年，經由美國天文學家哈伯的觀測而獲得證實。——參照180頁

＊原子彈爆炸
於１９４５年實現。加莫曾參與曼哈頓計畫（原子彈研發計畫）。

## 星球和銀河誕生自火球大爆炸中！

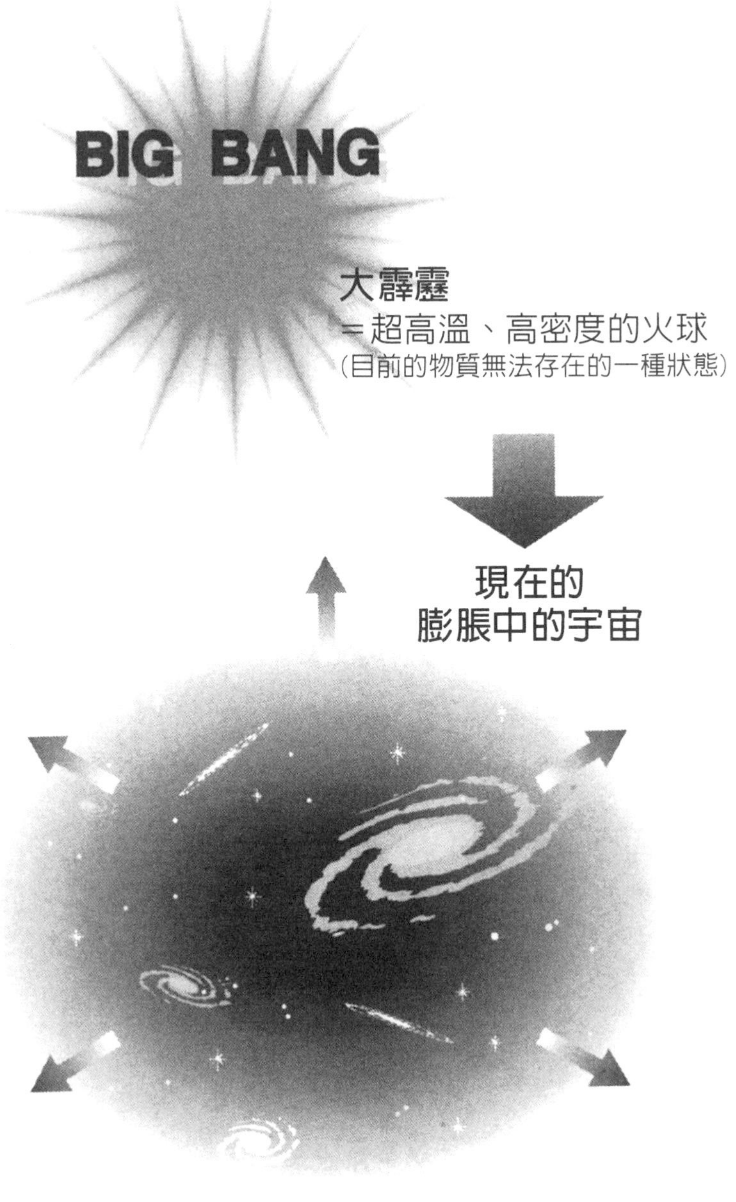

，當初被不少學者譏爲「無稽之談」，但結果卻反倒獲得相當大的回響，如今則幾乎已成「定論」。

但是，大霹靂理論同時也有所謂的極限的存在。

首先，就是對於「爲何會引起大霹靂」的問題完全無法說明，除此之外，更存在許多令人難以釋懷的致命問題。

例如，在宇宙誕生的瞬間，亦即「0時間」的當時，宇宙的大小應該也是處於0的狀態下，但卻能以無限大的密度吸收物質和能量，至今仍是個無法說明的疑點。

## ◆大霹靂之前該有的暴脹呢!?

解決這些難題，以補大霹靂理論所不足者而登場的，則是＊**暴脹宇宙論**。現在，所謂的宇宙論的標準理論，就是大霹靂宇宙模型搭配暴脹宇宙論所組成的理論。

所謂的暴脹宇宙論，指的是在大霹靂的前一瞬間裏，比基本粒子都還微小的微觀尺寸的宇宙自「無」誕生而來的一種理論。接著，這個微觀宇宙開始急劇地膨脹（此種膨脹稱之爲宇宙的暴脹），之後即引發成大霹靂。這就是最新宇宙論的內容說明。

當然，這樣的解說實在是叫人宛如墜入五里霧之中，抓不到一點具體的東西。

那麼，就讓我們沿著其順序更詳盡地追尋而下吧！

＊暴脹宇宙論
東京大學的佐藤勝彥，以及美國的亞倫·格斯幾乎在1981年的同時間裏所提出的學說。

## 大霹靂宇宙論的問題點

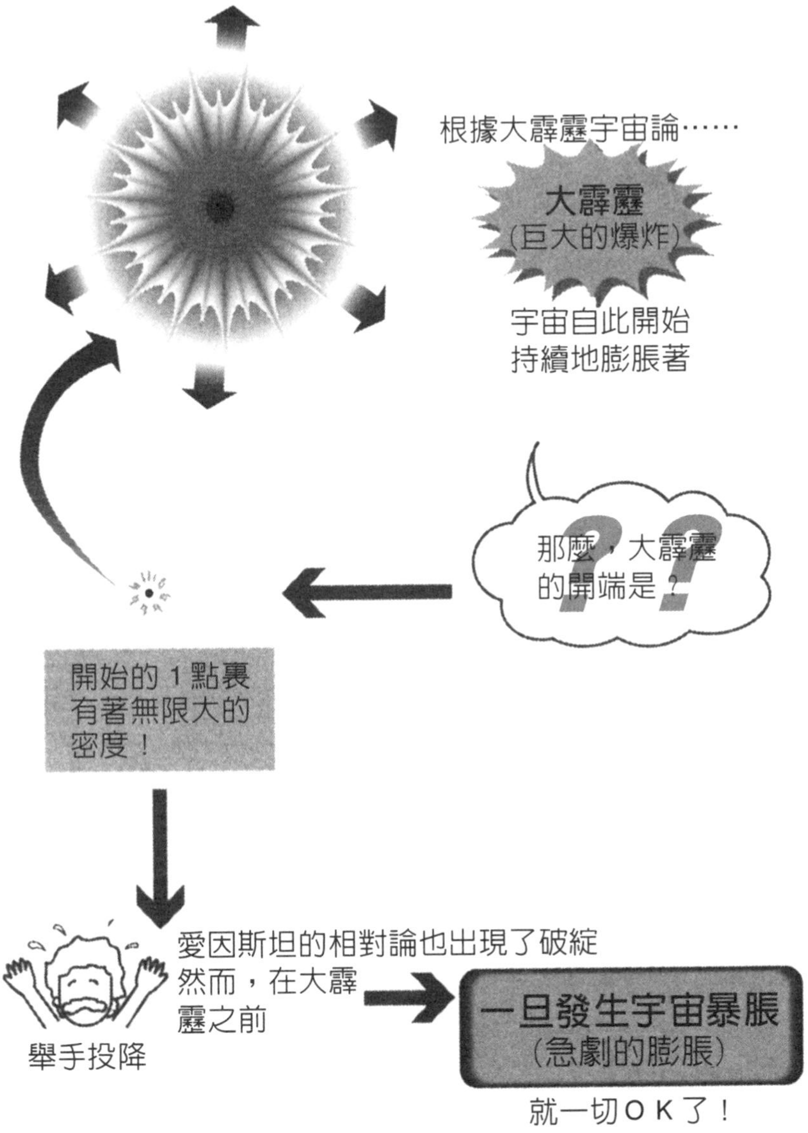

根據大霹靂宇宙論……
大霹靂
(巨大的爆炸)
宇宙自此開始
持續地膨脹著
那麼，大霹靂
的開端是？
開始的1點裏
有著無限大的
密度！
愛因斯坦的相對論也出現了破綻
舉手投降
然而，在大霹
靂之前
一旦發生宇宙暴脹
(急劇的膨脹)
就一切OK了！

# 2 宇宙是如何出現的？

## ★在距今150億年前，宇宙自「虛無的起伏」中生成

### ◆比基本粒子都還小的宇宙是從「無」中誕生而來的!?

「宇宙，究竟是從哪裏，以何種形式開始的呢？」。

這是一個單純的問題，同時也稱得上是一個極爲根本的問題。

在最新的宇宙論中，宇宙被認爲是從「無」誕生而來的。剛形成的宇宙，其直徑居然只有」$10^{-34}$公分（＝0.0000000000000000000000000000000001公分！）。這是比基本粒子都還小的一個尺寸。

由「無」誕生而來的微觀宇宙，其最初的樣子，可說是一點都不像現在的宇宙。更不是我們現在所看見的那個有著星光燦爛呈螺旋狀銀河的遼闊宇宙。在誕生瞬間的宇宙之中，足以創造出這些森羅萬象的一切可能性，都以一種稱之爲*真空潛能的形式，全部凝聚在這個遠比基本粒子還小的唯一的一點。

*真空潛能——參照48頁

### ◆常識無從想像的量子世界

那麼，生出這樣的宇宙的「無」，又是一種什麼東西呢？

就如字面上所見的，「無」是一個什麼都不存在的世界，連想要運用想像力具體描繪出些什麼東西來都很困難呢。但是，生出宇宙的「無」，並不是那種完全

## 何謂「無」？

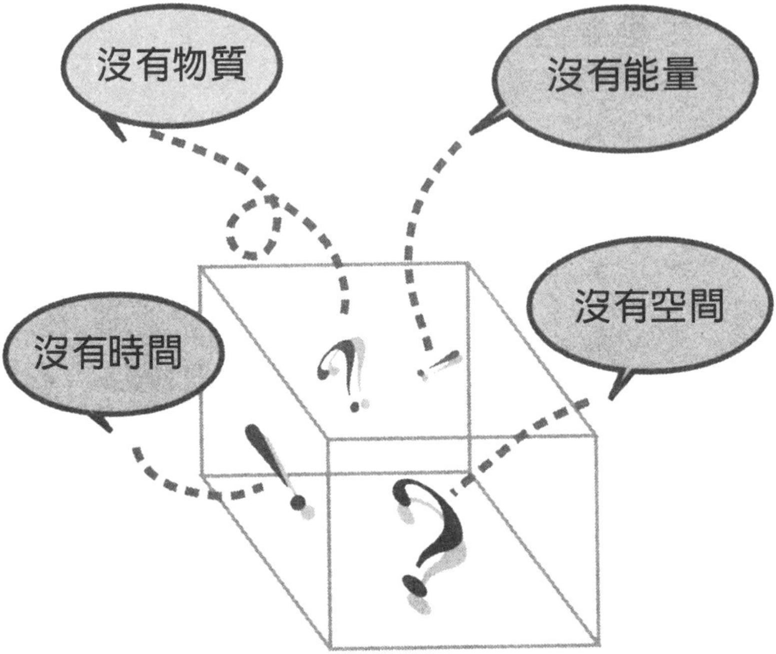

換言之，
「無」是無法描繪出來的

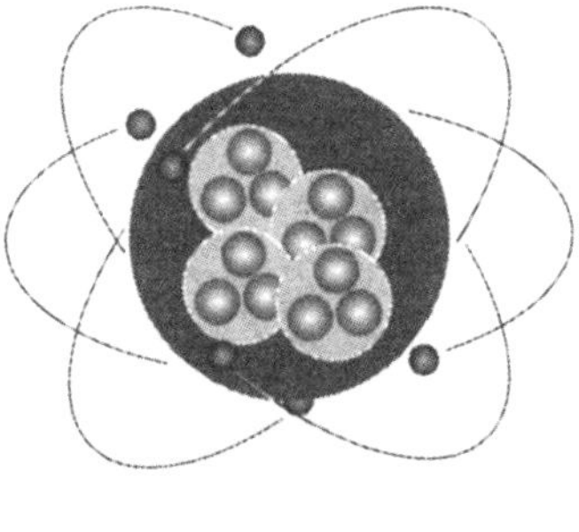

不過，
專研微觀世界（物體比$10^{-34}$公分更小的世界）的
**量子論**則對**無**提出了說明

（待續）

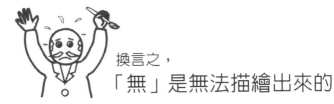

麼都沒有的「無」的意思。好像變得像是在做禪學問答了，但若是以科學的觀點加以說明的話，就是所謂的＊**量子論**學說。

量子論所研究的，是原子或更小的基本粒子的世界中的物理法則。而且，像這樣連著好幾個0的微觀世界，是由和我們平常所熟悉的「常識」有著極大差異的「非常識」法則所支配的。

這樣的量子論認爲：「在基本粒子的世界中，所謂的粒子或存在，或不存在，而存在與否則只能靠＊**或然率**來加以說明」。換言之，就如同某些粒子在某個時刻雖然是存在的，但到了某個時刻卻又會消失不見一樣，是沒有所謂的確定狀態的。

## ◆不斷變化中的「無」

在我們日常所生活的這個世界裏，要是有某個人突然消失又突然出現的話，那可眞是不得了的一件事。但是，若是更加深入量子論而直達$10^{-34}$公分的微觀世界時，不只時間，連空間和能量都會形成一種或有或無的狀態，永遠不斷地變化著，這種狀態就稱之爲「無的變化」。

而宇宙最初的模樣，便是在這種「無的變化」中或隱或現的直徑$10^{-34}$公分的超微觀的眞空。

＊量子論
與相對論並列為支撐20世紀理論物理學的兩大學說。是一種將物質以原子、分子的觀點加以詮釋說明的理論。

＊或然率
在此指的是量子論的或然率，亦或一種稱之為「不確定性原理」的觀念。雖然愛因斯坦曾以一句名言：「上帝是不玩擲骰子遊戲的」來加以否定，但經實驗而得到驗證的這個理論，卻是現代的電子產業最重要的依據。

## 何謂「無的變化」……

繼續

微觀世界的法則

根據**量子論**的話……

存在？
不存在？
物質的存在是一種或然率！

在宇宙誕生前的「無」之中

這裏是世界以前的世界。
究竟是怎麼一回事
任誰也無從知道。

時間、空間和能量
皆無法安定，不停地變化著

由這樣的**無的變化**之中，宇宙誕生了

# 3 急劇的宇宙膨脹

## ★超微觀的宇宙急速膨脹成浩瀚無盡的宇宙

### ◆超越光速的急速膨脹

從無誕生而來的宇宙，直徑只有$10^{-34}$公分。這居然是比基本粒子還更小的一個尺寸。

小雖小，卻是我們所生活的這個具有實際的時間和空間定義的世界原型，不過，畢竟這樣的尺寸眞是太小了。

我們的宇宙在其誕生後，便立即向下一個步驟邁進。

宇宙在誕生後的$10^{-44}$秒，其直徑便在$10^{-34}$秒內從原先的$10^{-34}$公分急速膨脹了有約$10^{43}$（$e^{100}$）倍之多。就在這連一瞬間都不到的極短暫時間裏，竟如同一下子在後頭增添了43個0一樣地大幅度成長了。膨脹的速度超越光速，是一種憑藉我們日常的感覺所無法想像得到，以驚人的規模反覆擴展的現象。

這種無從想像的宇宙加速急劇膨脹，在宇宙論中便稱之爲「**宇宙暴脹**」。

但是，事實上，這種事眞的是可能的嗎？雖然叫人有點難以置信，但量子論給我們的答案是「YES」。

接下來，就讓我們針對促使宇宙暴脹產生可能性的能量進行驗證吧！

## 宇宙暴脹是一種驚人的急劇膨脹

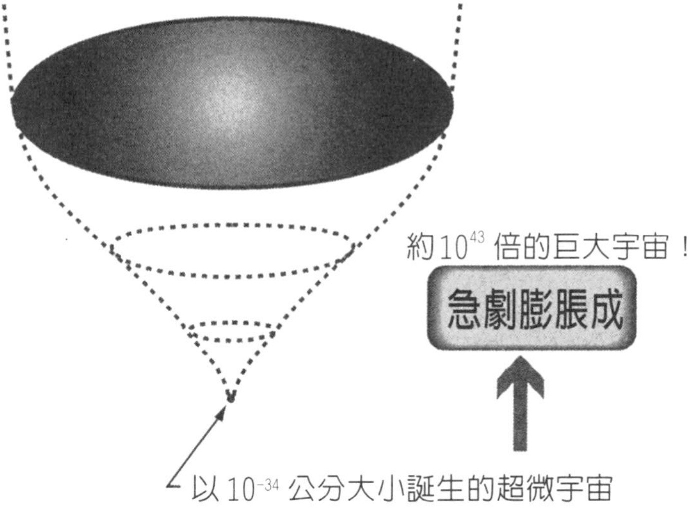
約$10^{43}$倍的巨大宇宙！
急劇膨脹成
以$10^{-34}$公分大小誕生的超微宇宙

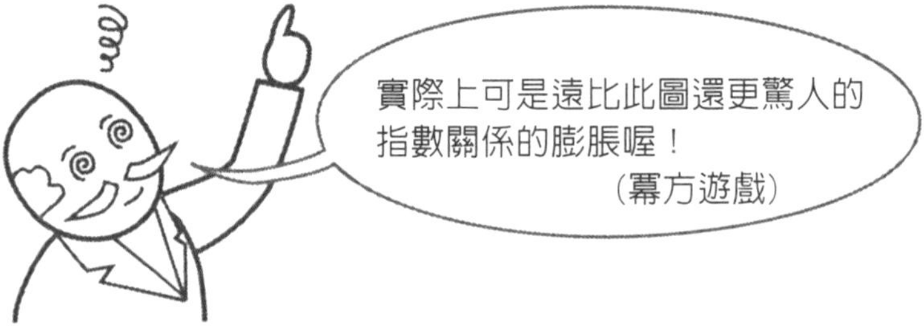
實際上可是遠比此圖還更驚人的
指數關係的膨脹喔！
（冪方遊戲）

假設是直徑為 1 mm的藥丸

（原尺寸大小）

或許就如同在僅僅 1 秒的 1 兆分之 1 的 100 億分之 1 的時間內，擴展成 1 兆光年的 1 兆倍的大小一樣吧？

## ◆真空潛能(potential energy)引發宇宙膨脹！

究竟是什麼樣的一種力量促使宇宙暴脹而引發急劇的膨脹呢？

能爲我們解說這一點的，就是眞空中具有的潛能。

所謂的潛能，可比喻成地表附近的＊**位能**。位能在重力大的地面會比在重力小的山上低。於是，岩石便會朝著能量低的地方，自然而然地滾落山頭。

另一方面，所謂的眞空的潛能，可看成是一種空間彼此之間相互排斥的力量。打從宇宙一誕生，就如岩石會往山頭滾落般地，物體總是往能量低的狀態移動的。換言之，宇宙一誕生，引發宇宙暴脹便可以降低其潛能了。從宇宙誕生的那一刻起，就注定了朝著浩瀚宇宙演化的命運。

## ◆在宇宙暴脹的盡頭，潛在能量不再存在

在這樣的宇宙暴脹的過程中，究竟發生了什麼事呢？

眞空的潛能因宇宙的持續膨脹日漸稀薄，終致消失無蹤。這種現象便稱之爲＊**真空的相變**。而相當於在這種相變作用的同時消失殆盡的潛能的同等能量，則轉換成熱能。然後，宇宙又朝著下一階段的大爆炸繼續前進。

＊位能
更詳細的說法則是「物質在重力場所具有的潛在能量」—重力位能。因為物體彼此間的引力交互作用，各物體便得以在某個力源作用區因所處位置而儲存能量。這就稱之為位能（或勢能）。

## 真空的相變和宇宙膨脹

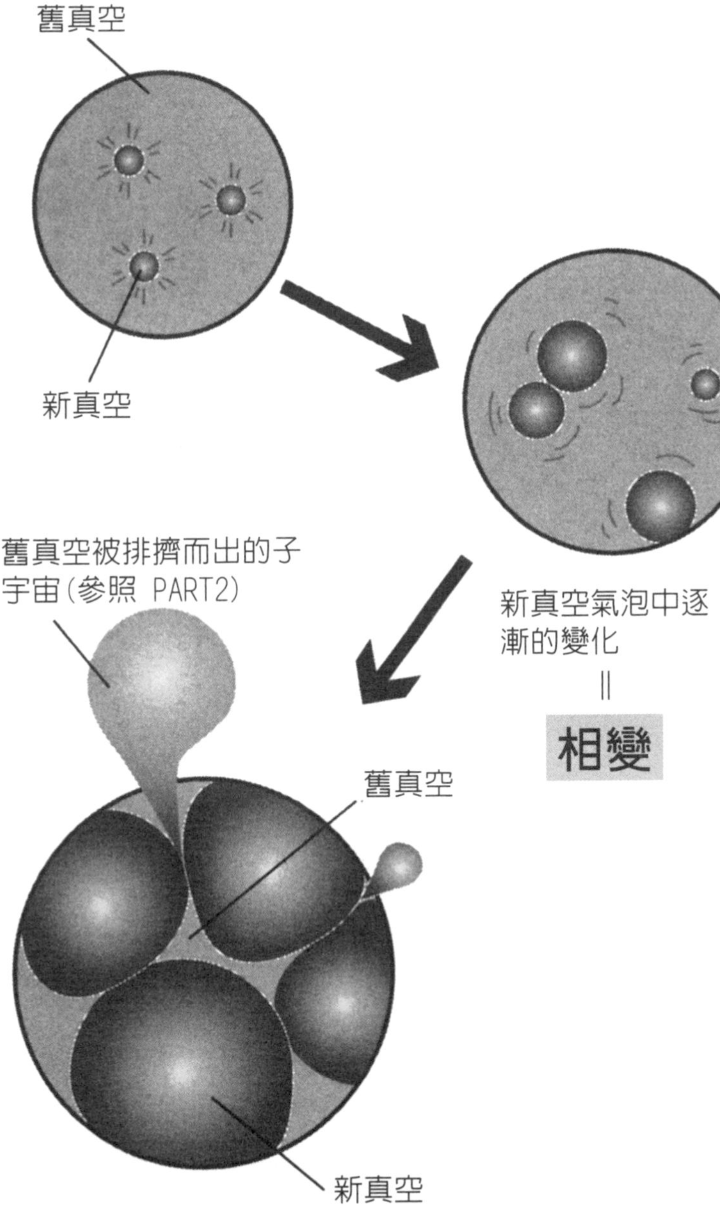

舊真空
新真空
新真空氣泡中逐漸的變化
||
相變
舊真空被排擠而出的子宇宙(參照 PART2)
舊真空
新真空

# 4 在火球大爆炸的那一瞬間

## ★基本粒子的滾燙熱湯是大霹靂的眞面目

**◆眞空潛在能量變為零的時候，大霹靂被引發**

倘若宇宙暴脹這種急劇膨脹的持續動作永無停止之日的話，那麼宇宙終將因此無限地加速膨脹而變成一個冰冷的宇宙。如果不是宇宙暴脹在哪裏結束的話，就不可能會有現在這個宇宙的存在了。

那麼，究竟是什麼結束了宇宙的暴脹呢？爲了解開這個謎底，讓我們對引發宇宙暴脹的原因做個再確認吧。

宇宙暴脹是由眞空的潛在能量所引發的。

而且，在這個宇宙暴脹的過程中，處於高能量狀態中的高密度眞空便會因膨脹而轉爲稀薄，往低能量狀態的眞空進行所謂的「相變」。

宇宙暴脹結束之時，正是引發宇宙暴脹的眞空能量轉爲零的同時。而就在此眞空能量轉爲零之前一瞬間，高能量掉落至低能量時，便如同水變成低能量的冰時會放出＊**潛熱**一樣，熱量一下子全被解放了出來。

宇宙誕生$10^{-34}$秒後，也正是火球大爆炸的瞬間。

＊**潛熱**
就如同１cc的水在轉變成冰的時候，就會放出約80卡的潛熱來。

## 大霹靂＝巨大的能量釋放

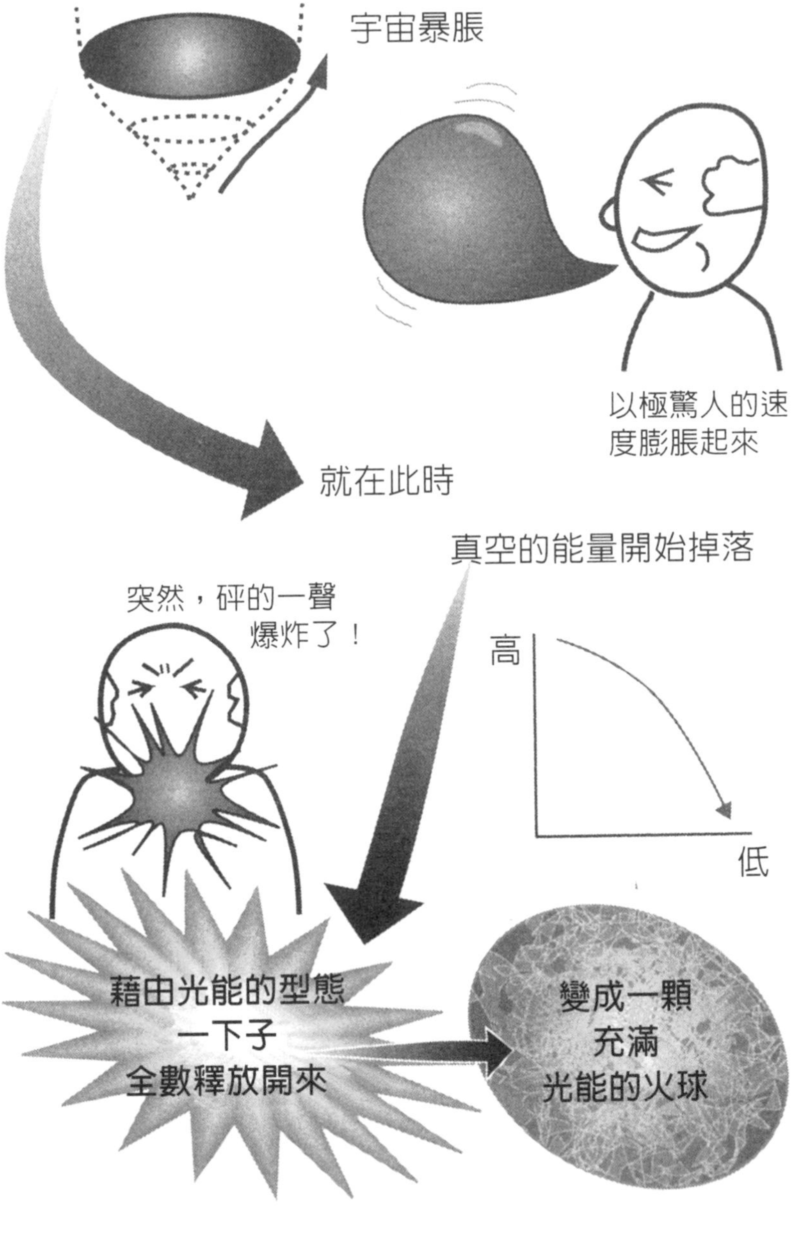
宇宙暴脹
以極驚人的速度膨脹起來
就在此時
真空的能量開始掉落
高
低
突然，砰的一聲爆炸了！
藉由光能的型態
一下子
全數釋放開來
變成一顆
充滿
光能的火球

## ◆大霹靂的火球是由什麼構成的？

若是將這個大霹靂和宇宙暴脹相互比較的話，其膨脹的規模雖要小得多，但卻在往後的宇宙形成上扮演了極重大的角色。

那麼，就讓我們更進一步來探究一下這顆大霹靂的火球的內在吧！

宇宙暴脹一結束，眞空能量雖已變成零，但暴脹的開始和結束的能量差卻轉爲熱能，並轉換成＊**基本粒子**的＊**振動能量**或＊**質量**。

這些基本粒子間彼此影響，形成非常高溫的熱湯。基本粒子，亦即製造夸克、電子和光子等物質的基本要素會因超高溫而在四處奔竄的狀態下，形成一種渾然一體煮沸的樣子。而隨著這鍋熱湯逐漸地冷卻，基本粒子彼此間互相結合，物質於是形成。

此外，在大爆炸之初所形成的基本粒子，和夸克、電子和光子等現在已經確認的基本粒子是不同的，可說是一種更爲基本的、單一種類的基本粒子。但是，這種在最初所形成的基本粒子的眞象爲何，至今仍是衆說紛云，未有定論。

＊基本粒子
構成物質的最小單位。構成物質的分子是原子結合而成的，而原子則是原子核和圍繞在其四周的電子所構成的。原子核由質子和中子所組成，質子和中子又是由夸克所形成。因此，無法再做出進一步分解的最小單位的夸克、電子和光子等就稱之為基本粒子。

＊質量
根據愛因斯坦的相對論，能量可以轉換成質量，而質量也可以轉換成能量。後者經實際運用則是原子能。

# 基本粒子的大鍋菜

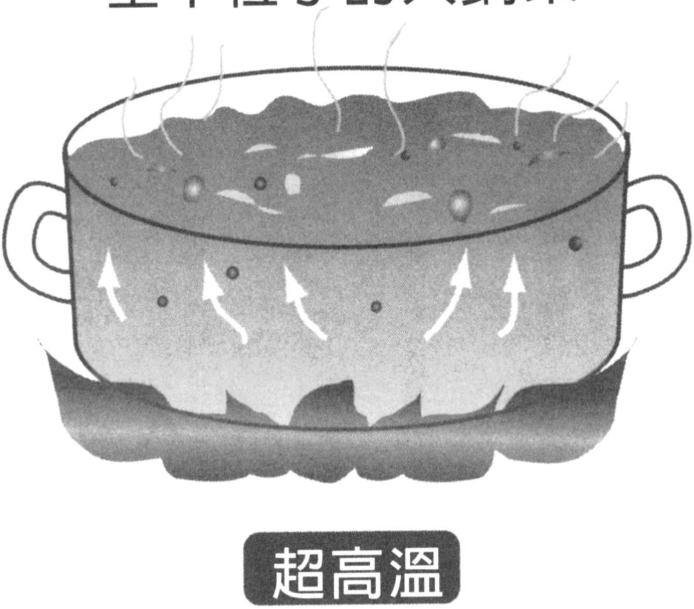


最新的基本粒子物理學認為 6 種夸克和 6 種輕子(lepton)的組合構成了所有的物質

| | |
|---|---|
| 夸克 | ○上夸克　○下夸克　○奇異夸克<br>○粲夸克　○底夸克　○頂夸克 |
| 輕粒子 | ○電子　○中微子<br>○ $\mu$ 粒子　○ $\mu$ 微中子<br>○ $\tau$ 粒子　○ $\tau$ 微中子 |

# 5 於是，物質生成了

## ★由輻射能中生成物質的最小單位

### ◆光子的碰撞造就出粒子的誕生

在大霹靂之前，像現在所能見到的物質並不存在。物質是由火球大爆炸的超高溫、超高壓狀態下開始孕育而成的。那是在宇宙誕生後那僅僅的$10^{34}$秒後的事……。

大霹靂雖被稱做是基本粒子燃燒煮沸的熱湯，但最初形成的基本粒子幾乎是不帶任何質量，只是一種以近乎光速的速度活動的能量塊狀般的存在。這樣的能量，專業術語就稱做*輻射能。

換言之，宇宙初期所存在的能量，幾乎都是一些如光般的輻射狀態，亦即所謂的輻射優勢的時代。

而在轉變成現在這種物質優勢的時代之前，則歷經了宇宙的溫度和密度因膨脹而下降，輻射能轉換成質量的過程。

藉由輻射能量所產生的碰撞，現在其存在已經確認的各種物質的要素，如夸克、輕子等基本粒子於是生成。也就是說，輻射能是逐漸地變換成基本粒子的質量及其振動能量的。

*輻射能

*光子 (photon)

## 物質生成的過程(1)

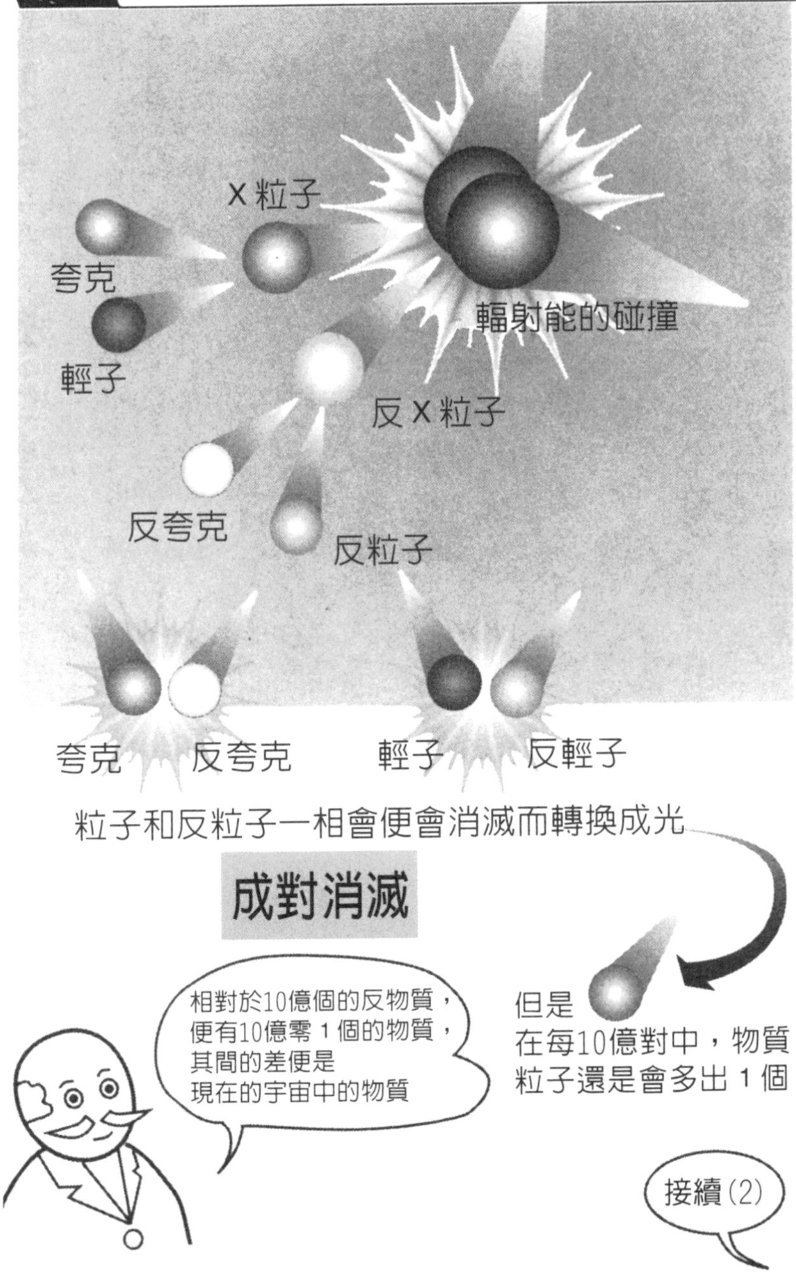

X粒子
輻射能的碰撞
夸克
輕子
反X粒子
反夸克
反粒子
夸克
反夸克
輕子
反輕子
粒子和反粒子一相會便會消滅而轉換成光
成對消滅
但是
在每10億對中，物質
粒子還是會多出1個
相對於10億個的反物質，
便有10億零1個的物質，
其間的差便是
現在的宇宙中的物質
接續(2)

## ◆「10億個的反粒子」VS「10億＋1個的粒子」＝物質世界

雖說輻射能的碰撞產生出粒子，但同時也造成反粒子的誕生。粒子和反粒子一旦遭遇，便會導致消滅而回歸成能量狀態。這種現象稱之爲成對湮滅，隨著宇宙溫度的下降，夸克和反夸克，輕子和反輕子開始步入成對湮滅的結果。

倘若這種成對湮滅持續進行下去的話，粒子和反粒子終將至完全消失。然而，粒子和反粒子之間卻有著這麼些微的差異存在。相對於10億個的反粒子，粒子則多了1個而有10億零1個的數量。

就因爲這些微的差異，在反粒子消滅後才得以形成像現在這樣的物質世界來。儘管如此，在極早期的宇宙中，物質的最小構成要素所呈現的，便只是以高能量形式四處奔竄的單純狀態……。

## ◆從基本粒子到元素

自宇宙誕生的10萬分之1秒後，宇宙的溫度下降至1兆＊K時(因宇宙的持續膨脹，溫度也跟著慢慢地下降)，宇宙又再次發生相變。這就稱之爲＊**夸克—強子相變**。之前單獨四處奔竄的夸克3個集合在一起，開始形成質子和中子等強子(hadron)。

而當宇宙誕生3分鐘後溫度再下降至10億K，則換成是質子和中子相結合構成各種元素的原子核。＊**輕元素**的合成於是展開。

＊K（kelvin）
絕對溫度。攝氏0度C等於是273K。

＊夸克—強子相變
強子指參與強交互作用的粒子，一般質量較大。諸如質子、中子和介子等都屬強子。相對於此，輕子指不參與強交互作用的粒子，一般質量較小，電子和微中子屬之。

＊輕元素
由質子和中子所構成的氫或氦等較輕的元素。

## 物質生成的過程(2)

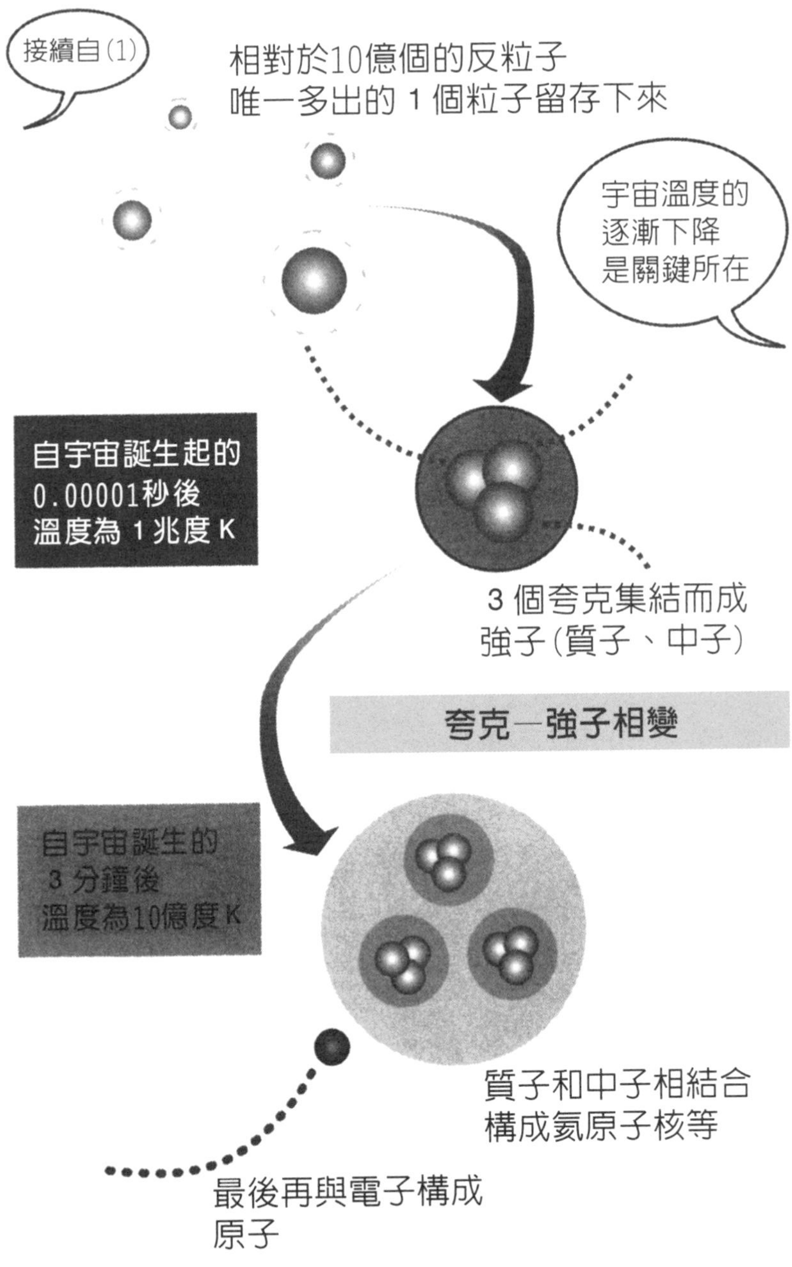
接續自(1)
相對於10億個的反粒子
唯一多出的 1 個粒子留存下來
宇宙溫度的
逐漸下降
是關鍵所在
自宇宙誕生起的
0.00001秒後
溫度為 1 兆度 K
3 個夸克集結而成
強子(質子、中子)
夸克—強子相變
自宇宙誕生的
3 分鐘後
溫度為10億度 K
質子和中子相結合
構成氦原子核等
最後再與電子構成
原子

# 6 何謂「宇宙的放晴」？

★在原子形成的同時，光線得以直線前進，宇宙一轉爲透明……

## ◆從不透明的宇宙到透明的宇宙

自宇宙誕生3分鐘後，決定現在宇宙中物質一切性質的元素才終於開始形成。

但是，在這樣持續形成物質時期的初期宇宙，和我們現在所知道的宇宙有著極大的差異。在宇宙誕生後的3分鐘到15分鐘的這段時間裏，雖然氦等輕元素已經成形，但還有衆多的電子無法和原子核相互結合形成原子，仍舊單獨四處奔竄。

換言之，原子核形成的離子和電子仍是處於一種各自活動、互不干擾的狀態下。這樣的狀態稱之爲*電漿（plasma），在此種電漿狀態中，光會因電子而產生散射（不規則反射）的現象。

大爆炸之後的宇宙，充滿了高能量的光子（輻射能），但似乎並不是我們所想像中的閃亮耀眼的世界。說起來，或許就如同濃霧中發光的車頭燈一樣的狀態吧！也就是說，宇宙是不透明的。

但是，自宇宙誕生的30萬年後，在宇宙溫度降至3000K（攝氏2727℃。還是相當地熱）時，原先自由四散奔竄的電子開始向原子核靠攏，在其四周繞

*電漿（plasma）——參照140頁

## 從電漿狀態到透明的宇宙

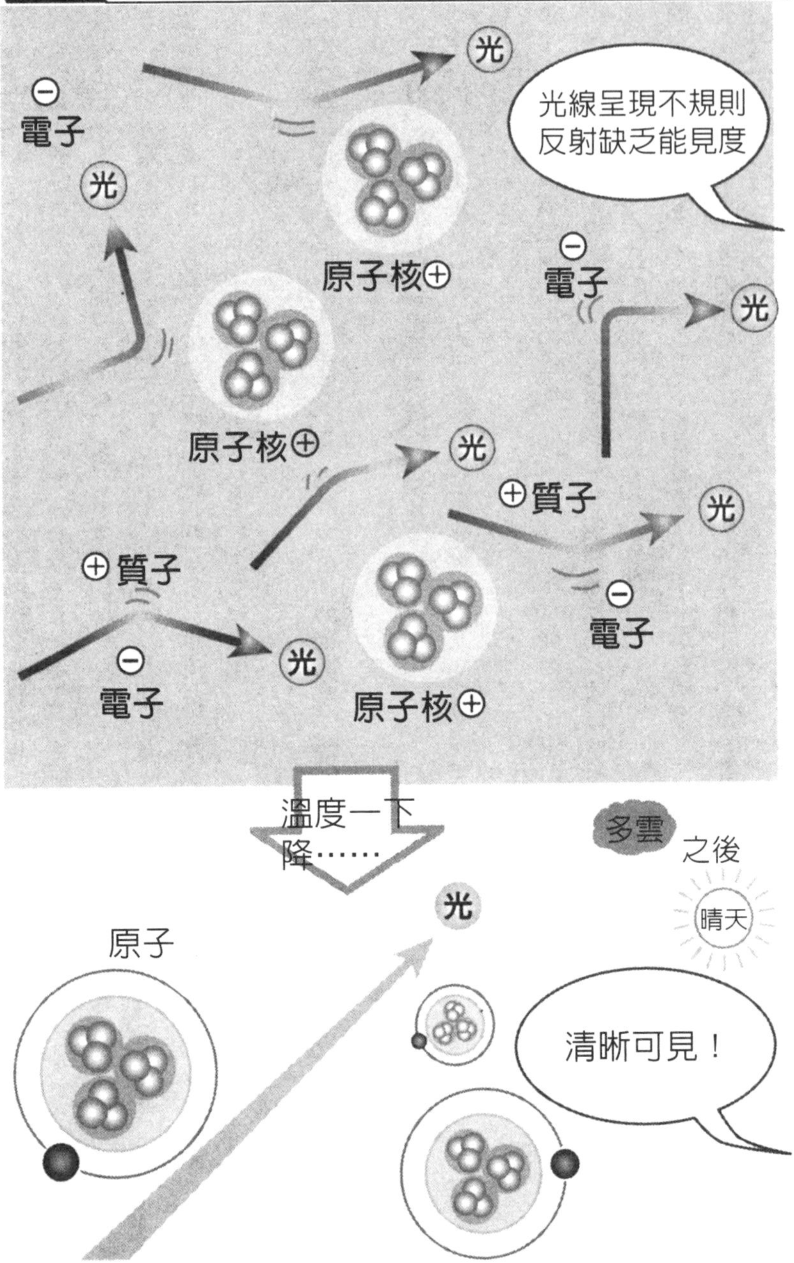

行了起來。***原子**於是誕生。

如此一來，不再受電子散射影響的光，終於能在宇宙之中自由地直線前進了。之前的不透明狀態，也一轉而成可以看穿全宇宙般的透明狀態。這就稱之爲**宇宙的放晴**。

這個時候，溫度爲3000K晴朗無際的世界，在想像中則是耀眼且充滿鮮豔黃光的一片。而放晴後的宇宙，仍持續地膨脹並往著新的階段演化而去。

### ◆證實「宇宙放晴」的宇宙背景輻射的發現

倘若這個宇宙放晴時的光線飛過宇宙，直達我們所在的150億年後的現在的話，會是怎樣的一種情景呢？

1965年，貝爾實驗室的彭齊亞斯和威爾遜兩人，接收到來自宇宙各個方向的同樣波長的電磁波。被稱做宇宙背景輻射的這種微波，就溫度而言，則和2.7K左右的電波是一致的。

若將時間回過頭來追溯，這個2.7K的電波應該就是在宇宙誕生30萬年後時約3000K的光。而這個電波正是在放晴的那一瞬間，由宇宙的雲層放射出來的光線所殘留的痕跡——光隨著宇宙膨脹波長逐漸地變長，因此宇宙背景輻射就好比是一種***光的化石**。

*原子
到19世紀為止，原子被認為是物質的最小單位。但在進入20世紀後，人們才瞭解到原子是由原子核和電子所構成，而原子核又是由質子和中子所形成的。到了今日，形成質子和中子的一種稱為夸克的粒子也被發現了。

*光的化石
量子理論光是一種同時具備波和粒子兩種性質實體。因關係著電流和磁場的作用，故又被稱為電磁波。波長一變長便成為紅外線，再長點則變成電波。

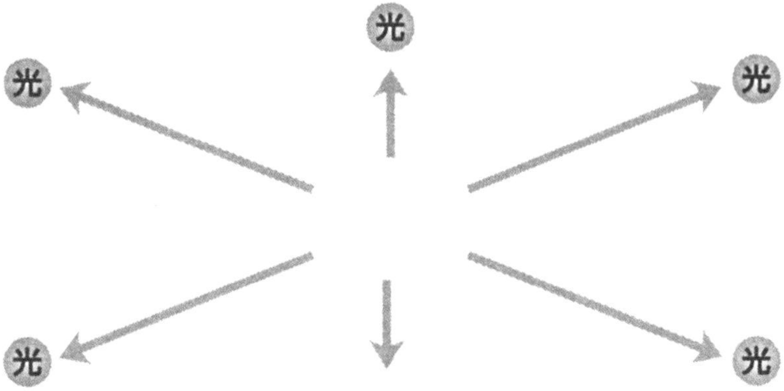


光線得以直線前進時的
宇宙放晴瞬間的光
(3000度K)

可以在地球上觀察得到

來自宇宙各個方向的微波(約2.7度K)

宇宙背景輻射

# 7 無數的星系是如何形成的呢？

## ★宇宙的巨大構造是個解不開的謎團

### ◆失去的環節時代

晴朗後的宇宙，在持續膨脹之餘，終於靜靜地逐漸冷卻下來。在這個謐靜的宇宙中，孕育出了星球、星系和超星系團。然而，實際上，在其形成的過程中至今仍存著許多的疑點。

而這一連串的謎，便是現代宇宙論中的一大問題。

所謂的星系，簡單地說就是一個恆星的集團。究其規模和集結的方式，則有各種類型。

名稱更有橢圓形星系、棒旋星系、螺旋星系和不規則星系等等千差萬別的許多類型，彼此間因重力而相互牽制、集結地依存在宇宙這個大空間中。

此處的問題所在，則是在於觀測宇宙放晴之際所放射的3K宇宙背景輻射時，發現當時的宇宙竟是一樣的，亦即仍是處於一種光滑平坦的狀態之下的宇宙。

爲什麼這會構成問題呢？那是因爲從此種相同的狀態中，是不可能找出任何形成像現在的星系和＊**超星系團**般構造的蛛絲馬跡的。倘若在放晴時也沒什麼兩樣的話，那麼宇宙即便膨脹個一〇〇〇倍，物質還是維持不變，當然也就不可能會形成

＊超星系團
由3個～數十個數千億個星球集結而成的星系所形成的稱之為星系群，而多於此數目所形成的集團便是所謂的星系團。這些星系團還會集結而成為一種超星系團或泡狀構造等。

## 星系誕生之謎

由一鍋基本粒子熱湯
開始的宇宙，
整體是均勻一致，
而非起伏不等的。

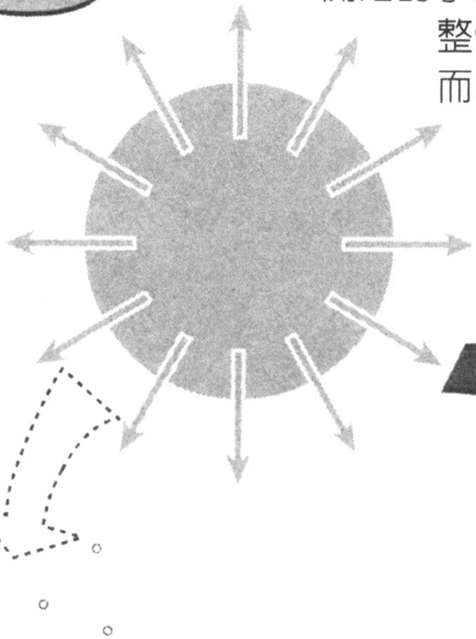

那是因為宇宙背景輻射呈現出來的是平均劃一的緣故。

如此一來，恆星或星系便不可能形成，物質也都是不變的一種存在形態才是……

**然而，現實的宇宙卻盡是凹凸不平的狀態**

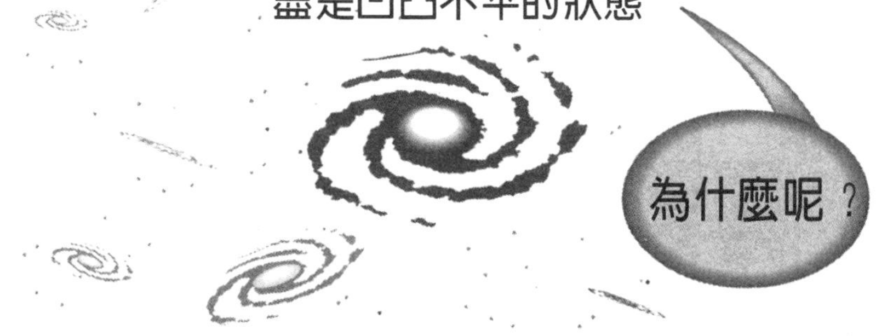

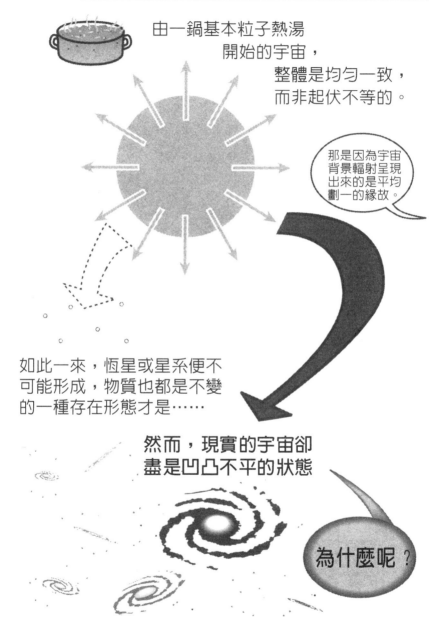

孕育出像現在這樣的銀河和星球般凹凸不平的狀態了。

在宇宙年齡30萬年到10億年之間，星系誕生了，這個無法做出任何觀測的期間，就稱之爲**「失去的環節時代」**。

## ◆超星系團和恆星形成的先後順序

在這個宇宙背景輻射中被稱爲是***10萬分之1的起伏**「斑紋」（濃淡）的存在經由確認而被證實，已是進入1990年代之後的事了。

這極爲微乎其微的「斑紋」，就如同是在深度100公尺的海上所檢測出的1毫米的波紋一樣渺小。然而，若是考慮到稍後即將探討的***黑暗物質**存在的問題，這僅有的10萬分之1的起伏，對於密度疏密的形成便將會是一種有力的存在了。

現在，有許多的研究者都認爲，宇宙初期的氣體雲因有濃淡的產生，造成原子流集到氣體雲密度較高的地方，因而形成後來的星系等現象。

但是，這樣的說法又分爲兩派。其一是認爲因宇宙氣體雲的密度不均情形非常之嚴重，因此超星系團首先形成，接著才分裂成星系和恆星。另一派則主張密度不均的情況輕微，因此先形成了恆星，再集結而成星系和超星系團等。

不管是哪一種說法，這時離宇宙誕生時已過了10億年。

*10萬分之1的起伏
角度上相差10度的2個方向產生的電波溫度差有0.001%。而此種溫度的起伏，令人聯想到宇宙構造中所形成的疏密不均。

*黑暗物質
——請參照P.116

## 續・銀河誕生之謎

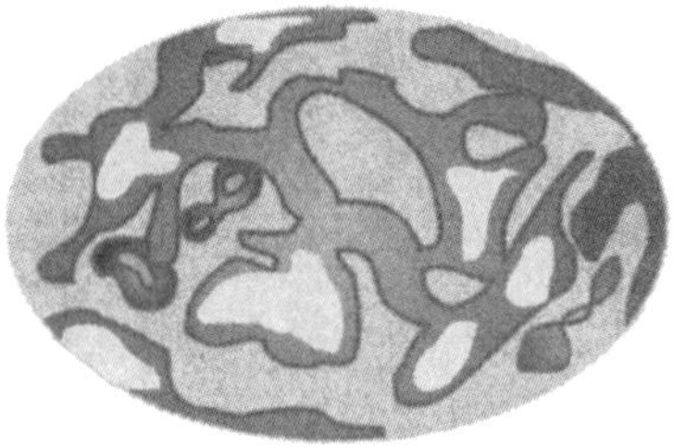

仔細觀察之下，可以發現在宇宙背景放射的溫度中存在著些微的不均勻

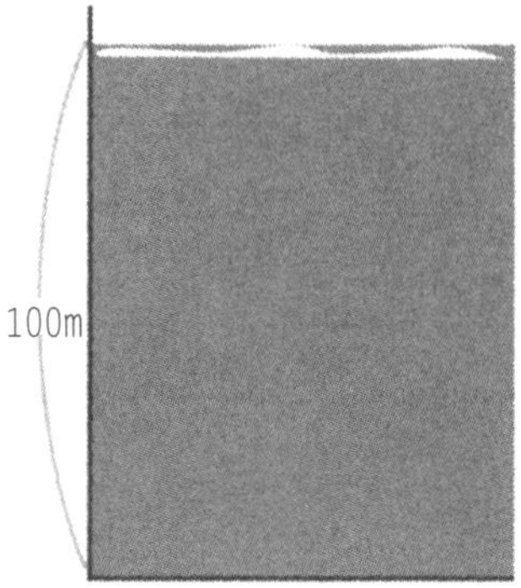


但是，充其量那不過是如同深度100m的海上存在約 1 mm的波紋那般渺小

1990年代的新發現

但若是這麼想可就錯了，只要借重黑暗物質的力量，那微不足道的“斑紋”便足夠了

**些微的密度差異**

↓

**產生大規模的構造**

# 8 銀河系誕生之謎

## ★銀河系的年齡約爲120億歲

### ◆球狀星團是銀河系中最古老的

宇宙中有1000億個以上的星系，我們所隸屬的銀河系亦是其中之一，它屬於本星系群。許多星系往往集結成團，稱爲星系團，成員數較少的星系團常被稱爲星系群。本星系群由數十個星系在跨越數百萬*光年的區域內聚集而成。

銀河系是個在圓盤上有著美麗的旋臂模樣，擁有2000億個恆星的螺旋星系，半徑約5萬光年，厚度有650光年。太陽系位於離銀河中心約2.8萬光年的地方。

銀河的中心形成一個非常明亮的電波源，集結有許許多多古老的星球。因爲這種異常的高密度現象，便有人強力主張此乃黑洞的成因。

此外，環繞在銀河系全體四周分佈存在的是球狀星團。球狀星團據稱是銀河系在誕生之際所形成的一些古老星球的聚集。

此外，經由這種球狀星團的年齡，還可以推測出銀河系誕生的時間。藉由這種推斷，我們可以知道銀河系大約誕生於由現在往前推的120億年前。根據推論，這時期是離宇宙誕生約有30億年左右的時間。

*光年
一個光年是光在1年的時間內所前進的距離。共有9兆4607億公里。光速每秒可達30萬公里，1秒內便可環繞地球7周半。

# 這就是銀河系！

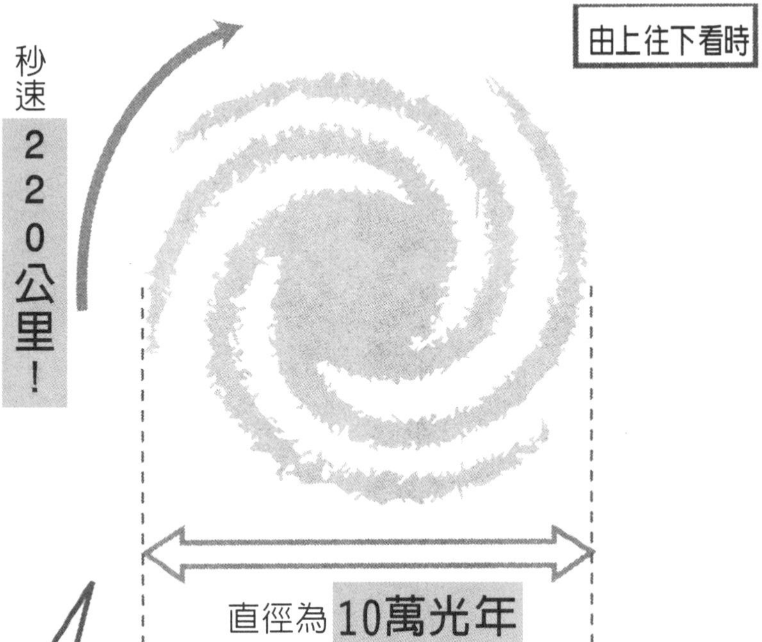


銀河系被認為是典型的螺旋星系
（接P.121）

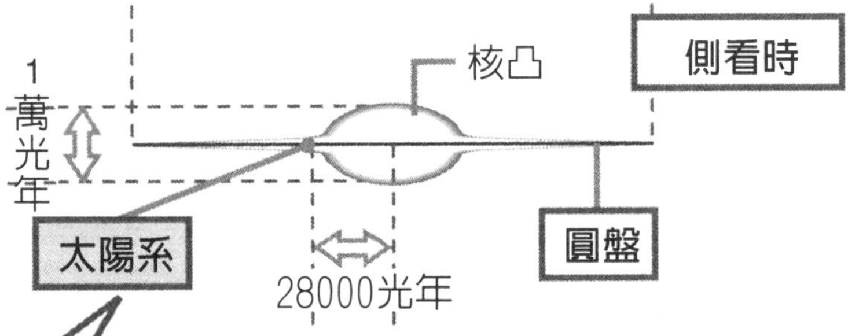


附近的星球以大約２億14萬年的週期繞銀河中心旋轉！

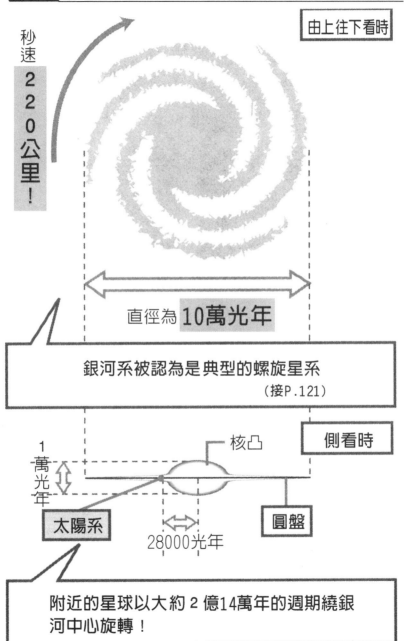

## ◆氣體雲的收縮促使恆星的誕生

接著，讓我們來看看我們的銀河系究竟是如何誕生的吧！

關於這個答案，和銀河的誕生一樣地，其詳細內情至今依然充滿了謎。而**＊巨大的螺旋**究竟是怎麼形成而來的，是否和銀河誕生有著重大的關聯呢？我們對於其中過程的了解實在少得可憐。

不過，據觀測，在銀河系內的獵戶座星雲（Orion）和薔薇星雲中，現在仍持續有恆星的誕生。透過這個觀測，我們能夠清楚地得知，高密度的氣體雲，其中有閃著紅光的原始星球，還有如同要排除周遭的氣體般，閃著湛藍光芒的年輕星球等。

看來，似乎是經由巨大氣體雲收縮，使得密度增高，在內部形成各式各樣的分子的一種過程，星球一個接一個地成形，才造就出這個銀河系來的。

接著，最初形成的大質量恆星於壽命終結時，至此刻所保有的重力和內部的壓力一下子無法平衡，爆發激烈的核融合反應，引發所謂的超新星爆發，星球內部所形成的金屬元素一舉被噴出到氣體中，於是又造就出其他新恆星的誕生。而星團則被認爲是藉由這樣的一種循環所形成的。

緊接著，讓我們更詳細地來探討有關恆星的一生吧！

＊巨大的螺旋

從銀河中心到數千光年間，隨著距離的增加，其旋轉的速度呈現直線的增加。那是一種如同唱片般的旋轉方式。而在1萬光年到4萬光年間的旋轉速度則幾乎是固定的。然而，都是同樣的一種速度的話，螺旋應該是會變形才是……

## 銀河系的氣體

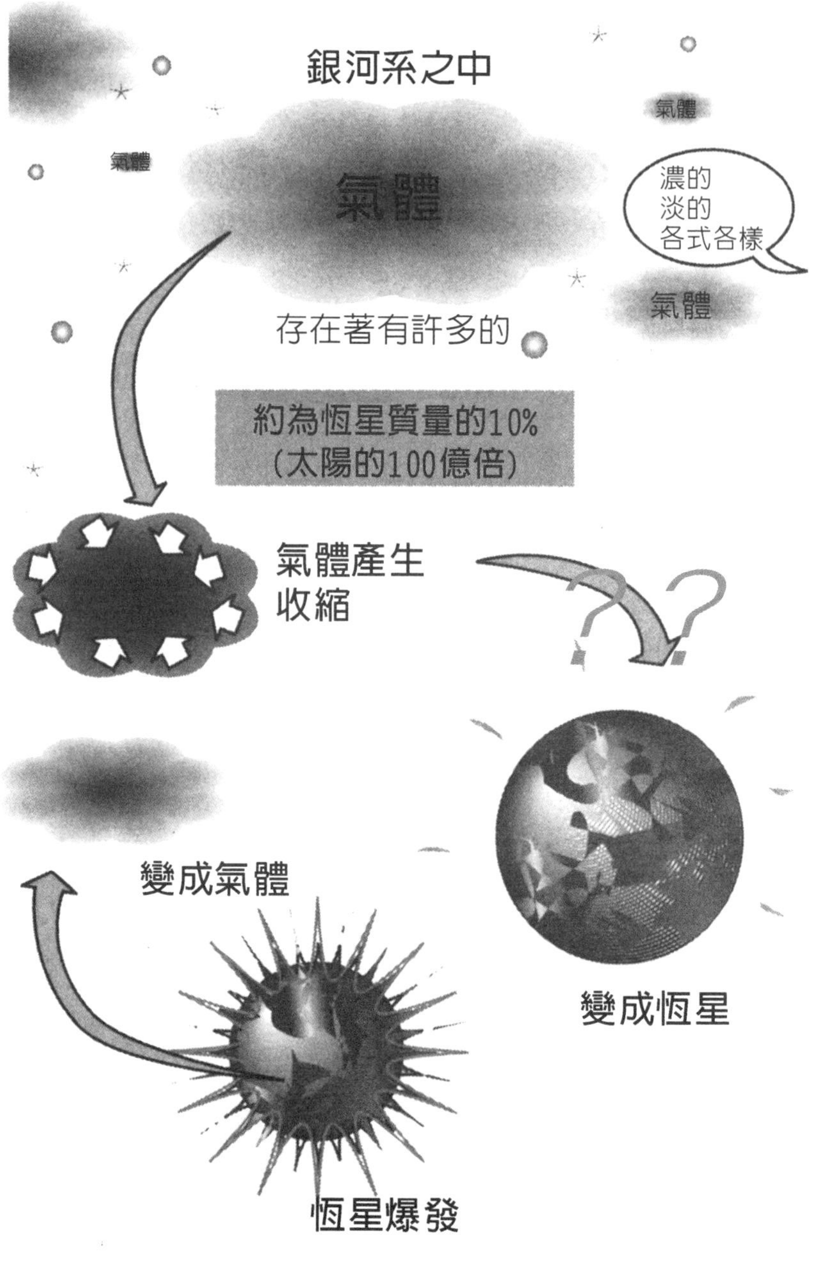
銀河系之中
氣體
氣體
氣體
濃的
淡的
各式各樣
氣體
存在著有許多的
約為恆星質量的10%
（太陽的100億倍）
氣體產生
收縮
??
變成恆星
變成氣體
恆星爆發

# 9 恆星的生命週期

## ★星際氣體——紅色巨星——超新星爆發之後？

### ◆恆星和主序星

事實上，關於恆星的誕生一事，至今仍無法說已完全解答。尤其是在誕生前的一連串過程中，還是充滿了不少的謎團。只是，在每一次的誕生之後的過程，透過觀測等方式，我們可以了解到許許多多的事實。因此，大部份的星球可以說都是經過下列所述的過程而成長、而度過它們的一生的。

宇宙中，有一種充滿在恆星與恆星間的稀薄氣體的存在，稱之爲*星際氣團。這種巨大的低溫氣團的一部份，一旦經由自身的重力而收縮，密度升高，重力位能便會轉換成熱能，溫度逐漸上升並開始發光。這就是恆星的誕生。

那麼，是否有不再原始，而已進一步演化的星球呢？

像太陽那般的星球便是其中之一。太陽在其演化的過程中，中心溫度達到1000萬K時，中心部份引發將氫和氫相結合成氦的核融合反應，因而產生出我們所見的光輝來。恆星在被稱爲主序星的這個階段時，可說是最爲安定的，因此這種狀態的恆星被認爲是宇宙中爲數最多的。

*星際氣團
幾乎所有的成份皆為氫和氦，還摻有一些微小的宇宙塵埃等物質。有疏密起伏，濃密部份會變為低溫，稀疏的部份則會使得溫度升高。

# 恆星的前半生

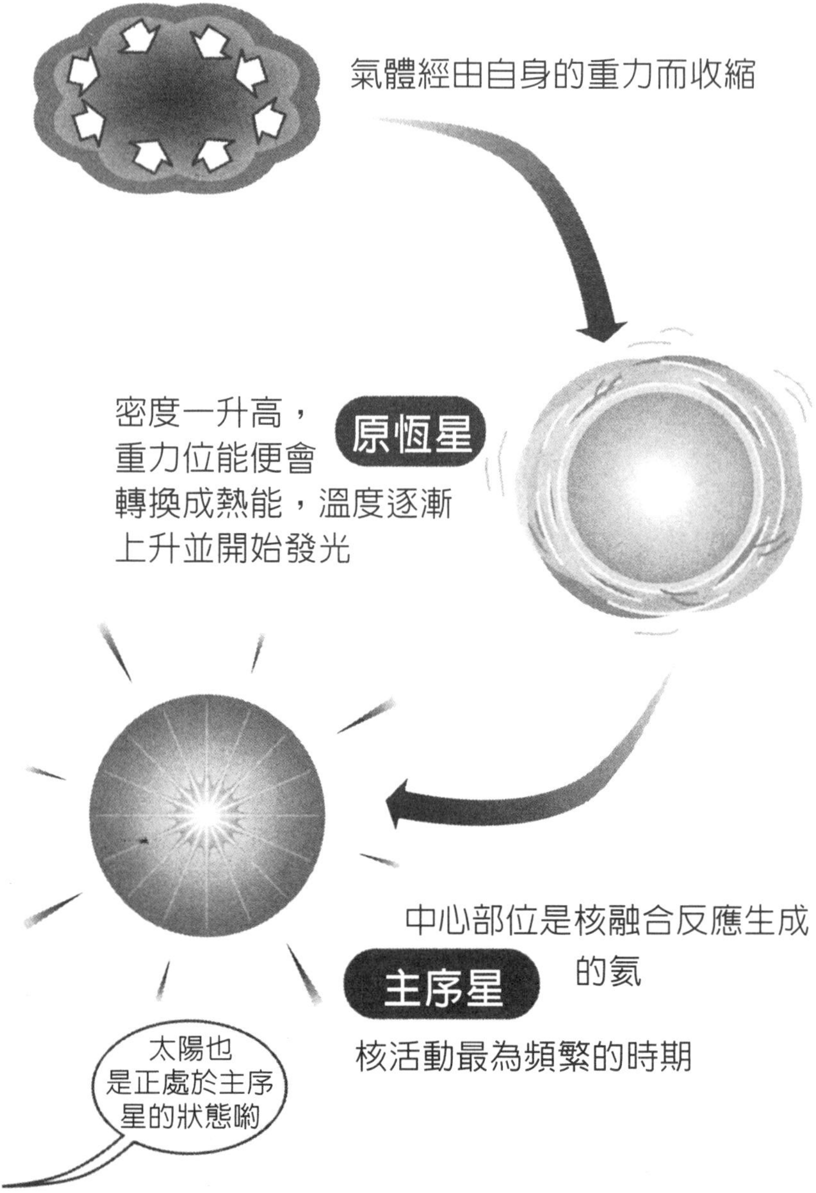
氣體經由自身的重力而收縮
密度一升高，重力位能便會轉換成熱能，溫度逐漸上升並開始發光
原恆星
中心部位是核融合反應生成的氦
主序星
核活動最為頻繁的時期
太陽也是正處於主序星的狀態喲

## ◆引發超新星爆發呢？還是變成白矮星呢？

此後，核融合反應持續進行著，中心部大部份的氫都變成氦，於是恆星的外側膨脹，進入紅巨星的狀態。接著，氦開始燃燒了起來。

若遇上*大質量星體時，則依碳、氧、矽的順序燃燒下去，中心是由質量頗重的鐵所形成的核心，核心會因爆縮而崩壞，最後引發大爆炸。這種現象就稱之爲**超新星爆發**，爆發後則留下**黑洞**或***中子星**。

另一方面的輕質量恆星，因溫度不致過度上升，在生成鐵之前早已燃燒殆盡。當內部的氦、碳和氧等陸續用盡，星體開始產生收縮而成爲**白矮星**，終結其一生。太陽的生命想必也會是以這種方式劃上句點的吧！

照此看來，我們便可瞭解到，恆星壽命是取決於其質量大小的。質量輕的恆星一旦燃盡後，便會變成霧濛濛的白矮星，然後慢慢地死去，因此，質量越大的恆星壽命越短，質量越小壽命就會越長。

在恆星內部會引發氫與氫結合成氦的核融合反應，而氦的燃燒則製造出了碳、氧、氖、鎂、硫、鈣和鐵等重元素來。

包含著這些元素的氣體便藉著爆發而被釋放到宇宙的空間中來，接著再開始由這些氣體集合起來製成另一恆星的下一個循環。但是，因爲***做為燃料的元素**的逐漸減少，這種循環似乎是無法永久持續下去的。

*大質量恆星
指質量約為太陽的1.4倍以上的恆星。較輕的恆星則約在1.4倍以下。

*中子星
由中子組成的核心殘骸所形成的星體，質量約為太陽的1.5倍，半徑卻只有10公里的高密度星。

*做為燃料的元素
指氫和氦

## 恆星的後半生

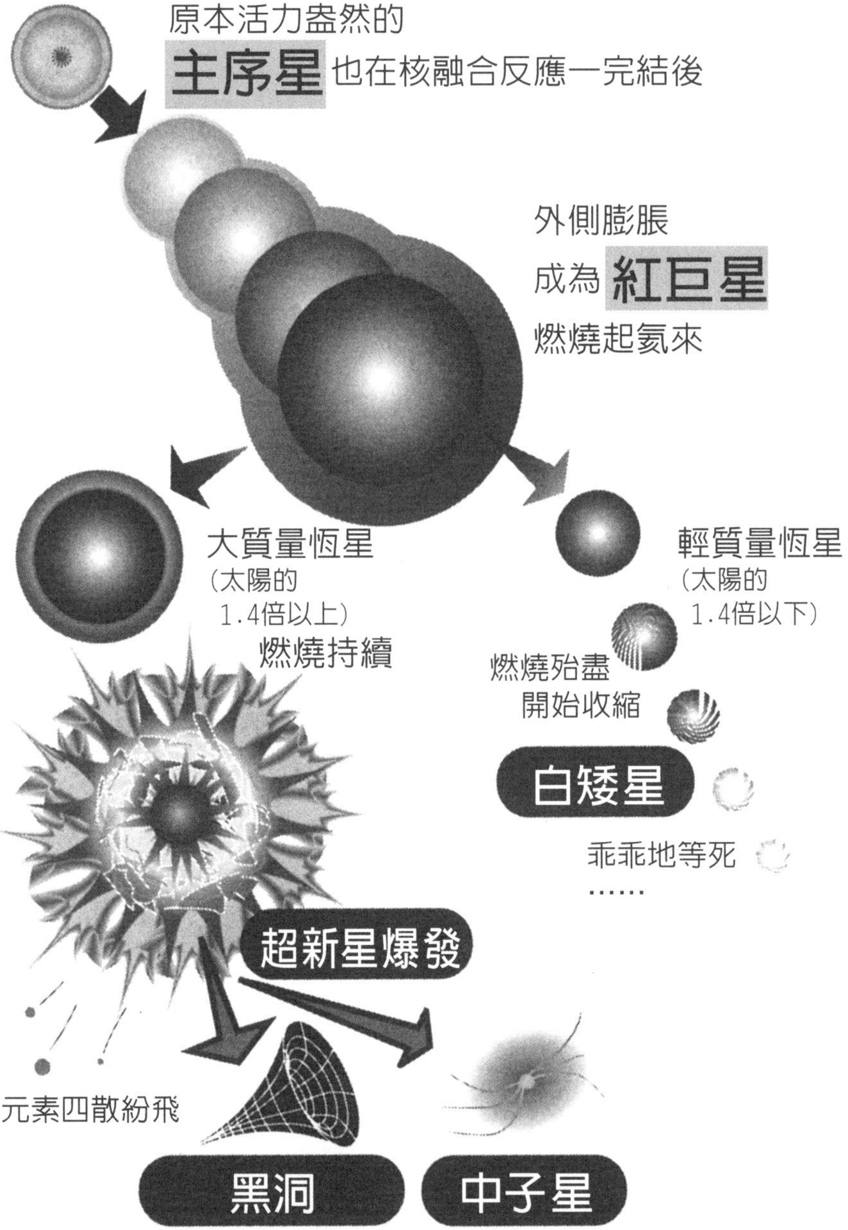
原本活力盎然的
主序星也在核融合反應一完結後
外側膨脹
成為紅巨星
燃燒起氦來
大質量恆星
（太陽的
1.4倍以上）
燃燒持續
輕質量恆星
（太陽的
1.4倍以下）
燃燒殆盡
開始收縮
白矮星
乖乖地等死
……
超新星爆發
元素四散紛飛
黑洞
中子星

# 10 太陽是如何形成的呢？

## ★太陽開始放出光芒，行星於是生成

### ◆超新星爆發的衝擊波

地球上現在所有的種種生機均來自*太陽。而這個太陽，究竟是在何時，以什麼方式生成的呢？

爲探求這個解答，我們必須往上追溯至50億年前左右。那是宇宙誕生約100億年後，也正是銀河系誕生的70億年後的事。

當時的銀河系中有一顆恆星發生超新星爆發。所謂的超新星爆發，代表了一顆恆星的死亡，同時也意謂著另一顆新星的誕生。

因超新星爆發所引發的衝擊波，會使得周圍的氣團受到壓縮。於是，氣團便出現密度不均的現象，較高密度的部份開始產生收縮，以致內部變成高密度、高溫的狀態。接著，中心部便引發氫和氫結合成氦的核融合反應。大量的能量於是產生，同時開始散發出亮光來。這就是**原太陽**的雛形。

根據推斷，太陽初時所發出的亮度，可是現在的數百倍喔！

### ◆太陽系行星的誕生

在這個原太陽進行收縮的過程中，其周邊所殘留下來的氣體（太陽本身也是由

*太陽
半徑是69萬6000公里(地球的109倍)，體積則是地球的130萬倍。表面溫度6000K，中心溫度1500萬K。在銀河系中算是一種普通大小極為常見的恆星。

# 太陽是由氣體生成的

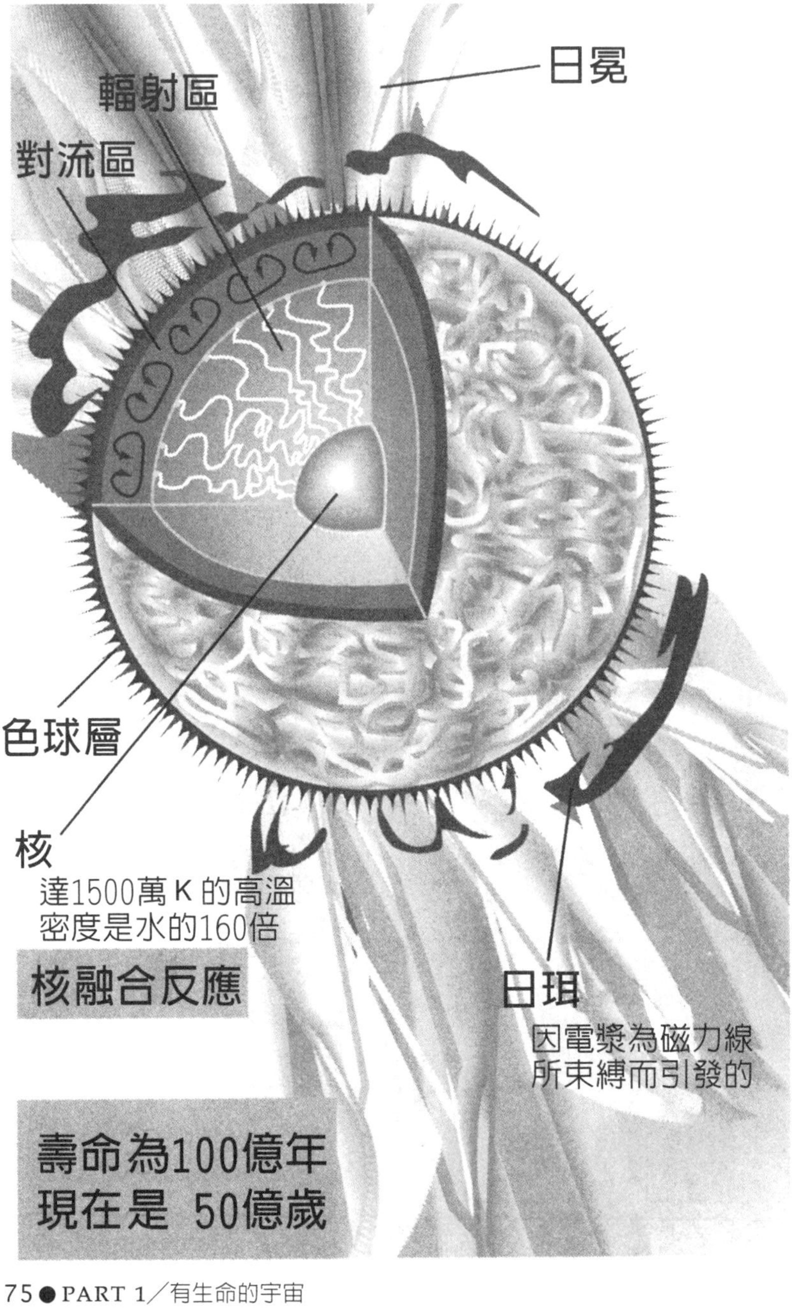
日冕
輻射區
對流區
色球層
核
達1500萬K的高溫
密度是水的160倍
核融合反應
日珥
因電漿為磁力線
所束縛而引發的
壽命為100億年
現在是 50億歲

氣體形成的），連同因收縮時振動而生成的旋轉逐漸形成圓盤狀，這便是**原始太陽系星雲**。

在原始太陽系星雲中，集聚有一些由0.01～10微米左右的結晶所形成的塵埃，生成了許多直徑約10公里的微行星。原始太陽系星雲和微行星中，含有大量因超新星爆發而產生的重元素，可說是具備了所有形成行星的理想條件。

而就在太陽周圍的圓盤狀氣體因太陽的能量而慢慢地擴散開來的同時，微行星彼此間發生碰撞。大的吸收了小的，逐漸地成長。

於是，圍繞在太陽周遭的好幾億個微行星，最後便長成水星至海王星的8大行星（位於最外側的*冥王星的形成過程，至今仍是個謎）。

各個行星都是軌道四周的幾億個微行星聚集而成的。因著和太陽間的距離的不同，微行星的成份也有所不同，*行星的組成物質便也隨之而有所差異。

就這樣，包含我們的地球在內的太陽系誕生了。根據推測，太陽將會在往後的50億年左右繼續保持這樣的耀眼光芒。換言之，現在的太陽正走到其壽命的一半路程。

*冥王星
——參照146頁

*行星的組成物質
太陽系內側的水星、金星、地球和火星，體積相對較小，且擁有岩石質的表面。相較之下，外側的木星、土星、天王星和海王星，則有約10倍的大小，並呈現氣體狀。
——參照144頁

## 太陽系行星就是這樣形成的

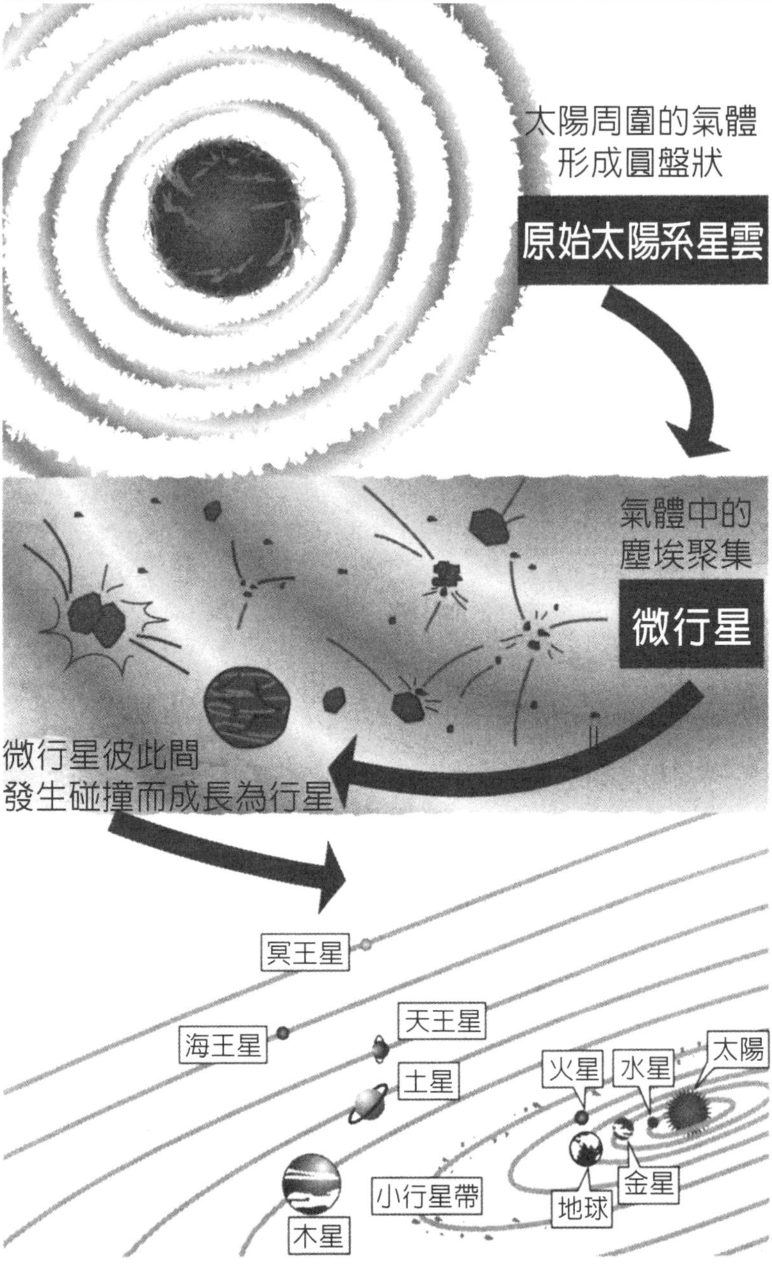

# 11 地球的誕生知多少？

## ★從小行星的撞擊、合成到生命的誕生

### ◆微行星發生碰撞而變成一個大行星

太陽系第3大行星——地球的誕生，可往回推到距今約46億年前。距離宇宙的誕生則已過了104億年。

剛開始展現光芒的年輕太陽的四周，圍繞著由氣體和塵埃構成的圓盤狀。曾幾何時，這些氣體和塵埃開始分裂，約有10兆個微行星誕生了。據推測，就在現在的地球軌道附近，當時漂游著有100億個左右的直徑約10公里，重約1兆噸的微行星。

而這些微行星也因爲彼此間反覆的碰撞及合拼，逐漸地增大。等增大到某種程度時，成長便會加速度地增快起來。那是因爲隨著重力的增加，呑併許多微行星和碎片的能力也有所增強之故。

在地球大小達到現在的一半左右時的原始太陽系中，平均一年內所發生的微行星的碰撞大約有1000個以上吧！

最初所聚集的微行星，所含成份中有大量的金屬鐵和岩石。而到聚集末期時，似乎連一些像現在的彗星一樣由冰塊形成的微行星也發生撞擊了。其中則含有碳、氫、氮和氧等元素。這些都可說是和生命的發生關係密切的物質。

## 現在的地球

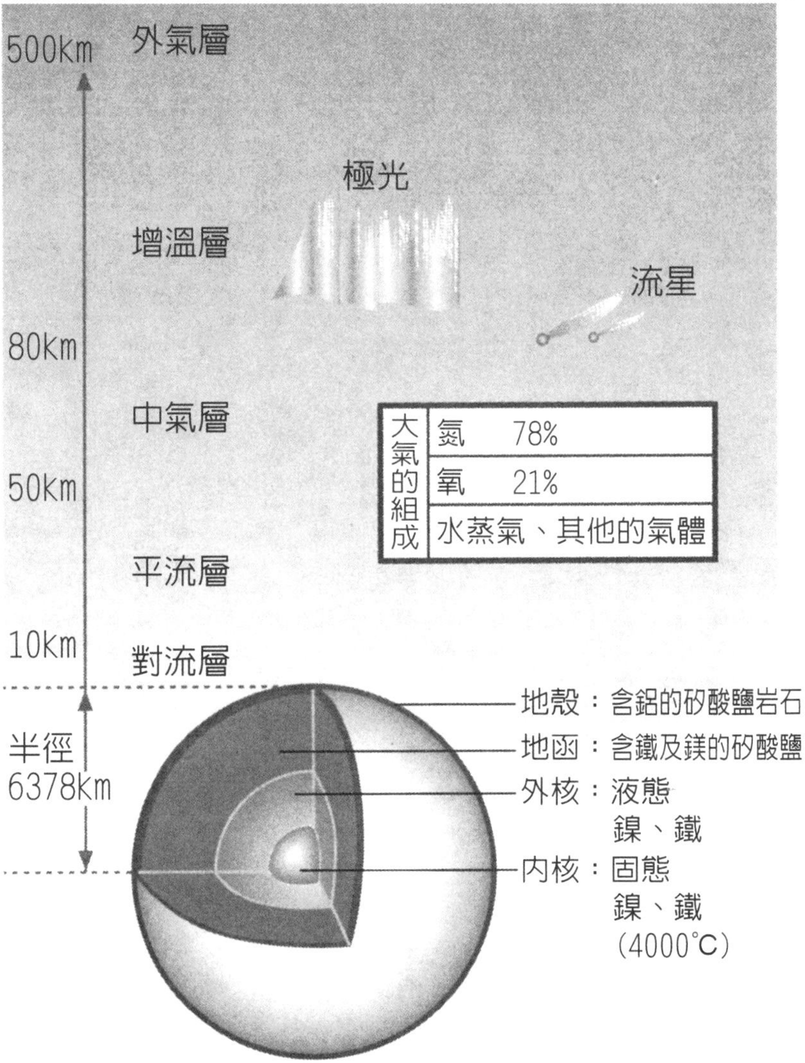


**地球的年齡是45億歲**

## ◆地球上生命的誕生

當微行星一撞擊到地表時，因爲熱能而產生相當的高溫。由於碰撞結合的物質爲高溫所熔，以致於密度較高的金屬鐵的成份沉入中心部位，蒸發的氣體則變成大氣。而且，這個大氣還具備有使地表的熱不致散發到宇宙中的作用，因此岩石藉由岩漿化而廣爲散佈，形成所謂的「岩漿的海」。但是，就因爲大氣和岩漿的相互作用，地球的溫度才得以保持一定。

一旦微行星的撞擊漸入尾聲，溫度也會跟著下降。岩漿的海的表面開始凝結，大氣中的水蒸氣形成雲層，變成雨水降下大地，這些雨水就生成了大海。

生命誕生的舞台已逐漸成形。*__生命誕生__的瞬間也是科學熱門的課題之一，或許就是構成大氣的無機物因紫外線和閃電的放電效應，而造就蛋白質材料的氨基酸、核酸材料的核苷酸、糖和磷酸等的合成的吧！

於是，這些物質在海中進行結合，原始生命因而孕育而生。這大概是距今約36億年前的事。

*生命誕生
曾有學說主張，生命根源所在的有機物是來自宇宙之中的。而從星際分子、彗星和隕石等也發現有氨基酸和醋酸鹼的存在。

## 生命從何而來？

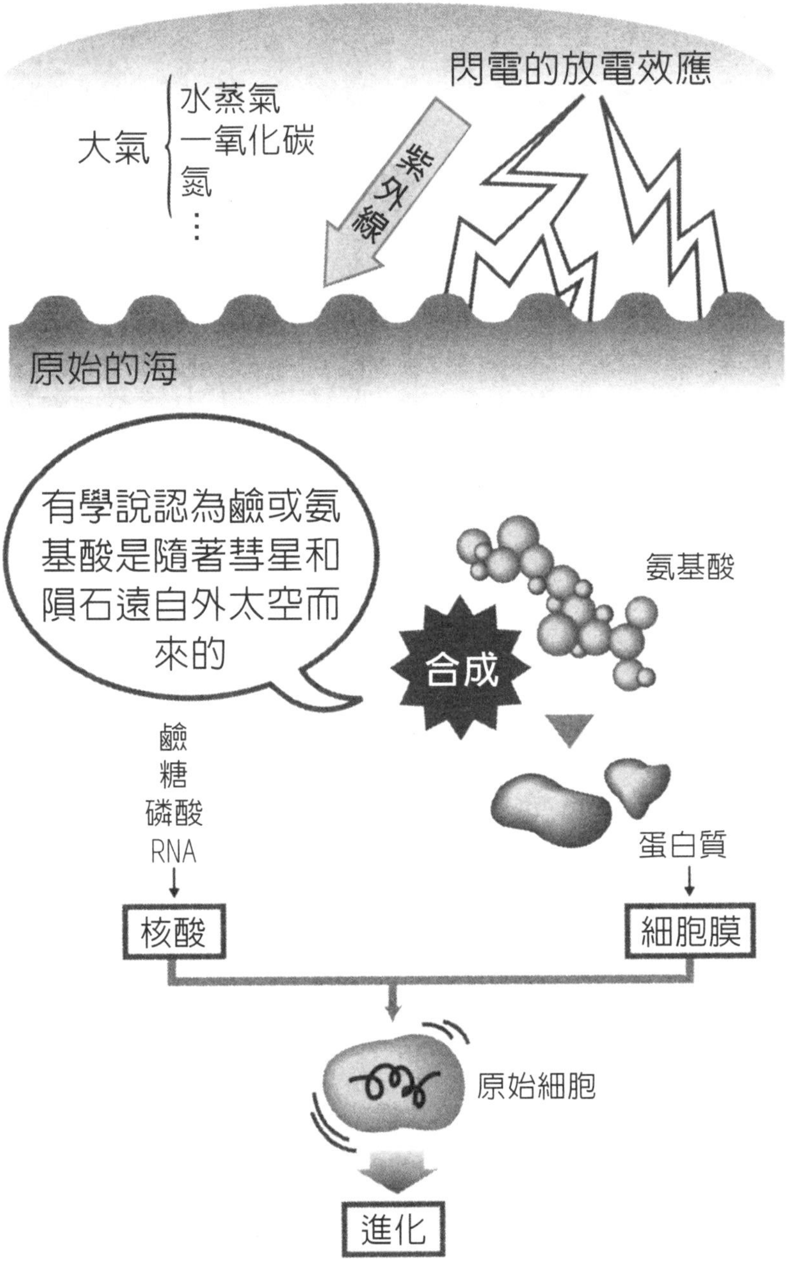
閃電的放電效應
大氣
水蒸氣
一氧化碳
氮
…
紫外線
原始的海
有學說認為鹼或氨基酸是隨著彗星和隕石遠自外太空而來的
合成
氨基酸
鹼
糖
磷酸
RNA
核酸
蛋白質
細胞膜
原始細胞
進化

# 12 太陽系的壽命還有多久？

## ★太陽終究還是會變成白矮星

### ◆水星、金星、地球為太陽所吞併，火星則逐漸地球化？

那麼，我們這個宇宙的未來又會變成怎樣呢？宇宙總也有終了的一天吧？就讓我們首先針對離我們最近的這個地球和太陽系的命運來做個眺望吧！

若從現在開始往後推算約50億年，做爲太陽燃料之用的氫將會被使用殆盡。如此一來，燃燒剩下的殘渣——氦便會引發核融合反應。太陽的外層產生大幅度的膨脹，首先變成紅巨星，接著水星、金星，甚至地球也一併被這樣的太陽所吞併而宣告消滅。

另一方面，火星上的溫度會上升到和現在的地球差不多的程度，兩極的冰塊融化而形成了海洋。生命或許因而誕生也說不定。因爲，地球或許就是像這樣地，在形成後10億年左右才開始有生命誕生的。但是，太陽的紅巨星的狀態，最多也不過是持續個10億年而已。終了，太陽的光輝消失不見，逐漸地冷卻變小，並成爲一種被稱之爲白矮星的狀態了。火星、木星和土星等則仍在其周圍不停地環繞著。

倘若其他的恆星以１０００兆年（目前估計宇宙年齡約150億年——審註）一次的比例通過太陽系旁，那麼在發生過100次左右後，行星被撞飛出去的可能性就會越大。照此推算，在10京年後（１０００億年的100萬倍），太陽系將面臨（準確度極高）被解體的命運。

## 太陽系的解體始於太陽燃燒殆盡時

太陽燃燒殆盡的50億年後
外側慢慢膨脹
變成**紅巨星**

水星、金星、地球
全遭吞併了

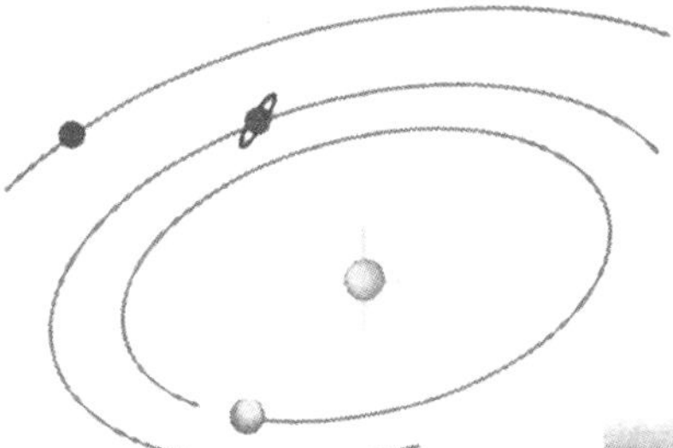

再過個10億年左右的話
太陽逐漸地冷卻變小
終於成為**白矮星**

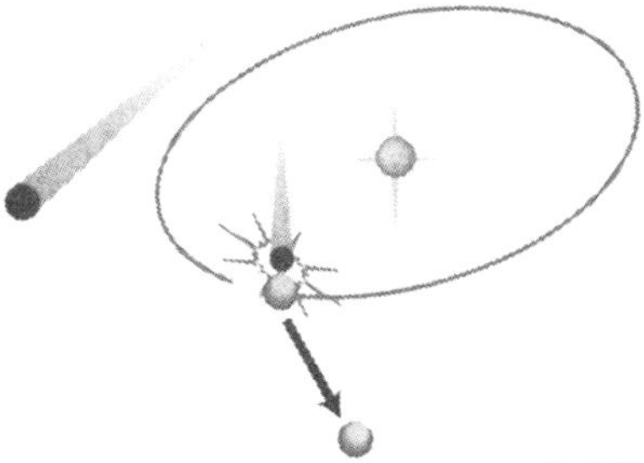

之後，便如同是永遠般地
持續保持相同的一種狀態
……

總有一天，行星也將遭到被撞出的命運

# 13 宇宙終究將迎向死亡

## ★宇宙的未來會變成如何呢？

### ◆「開放宇宙」的末路——僅剩下極少量光子和基本粒子的空虛世界

那麼，銀河系和宇宙的未來究竟會變成如何呢？在此，我們有開放的宇宙和封閉的宇宙兩種版本可供探討。

首先，讓我們先來探討一下宇宙永遠處於膨脹狀態中的*開放宇宙吧！

銀河系中的星球數量成長得越快，高濃度氫氣的場所就會越少，新星體的誕生也就越不容易了。從現在起算約100兆年（1000億年的1000倍）後，會發光的星球將不再見，有的只是一個又一個的白矮星、中子星和黑洞等星體殘骸罷了。

這些星體彼此間一靠近，便有一方會獲得大量的能量，藉機飛奔到銀河系外的世界去。如此一來，就表示銀河系的能量被帶出去外面，殘留下來的星體集團所擁有的能量逐漸少去，集團慢慢地收縮，最後變成了黑洞。

在距今100京年（1000億年的1000萬倍）後，包括銀河系等所有的星系都將會變成巨大的黑洞。而宇宙則會形成一個黑洞和自銀河飛出的星體殘骸四處漫游的世界。

＊開放宇宙
現今的大霹靂理論認為，使宇宙膨脹鈍化的唯一手段，便是存在於宇宙中的物質相互間的吸引力。若是平均1$m^3$有3個以上的氫原子，宇宙便總有轉為收縮的一天，但若是少於3個的話，膨脹的狀態將會永遠地持續下去。
——參照178頁

## 「開放宇宙」的未來

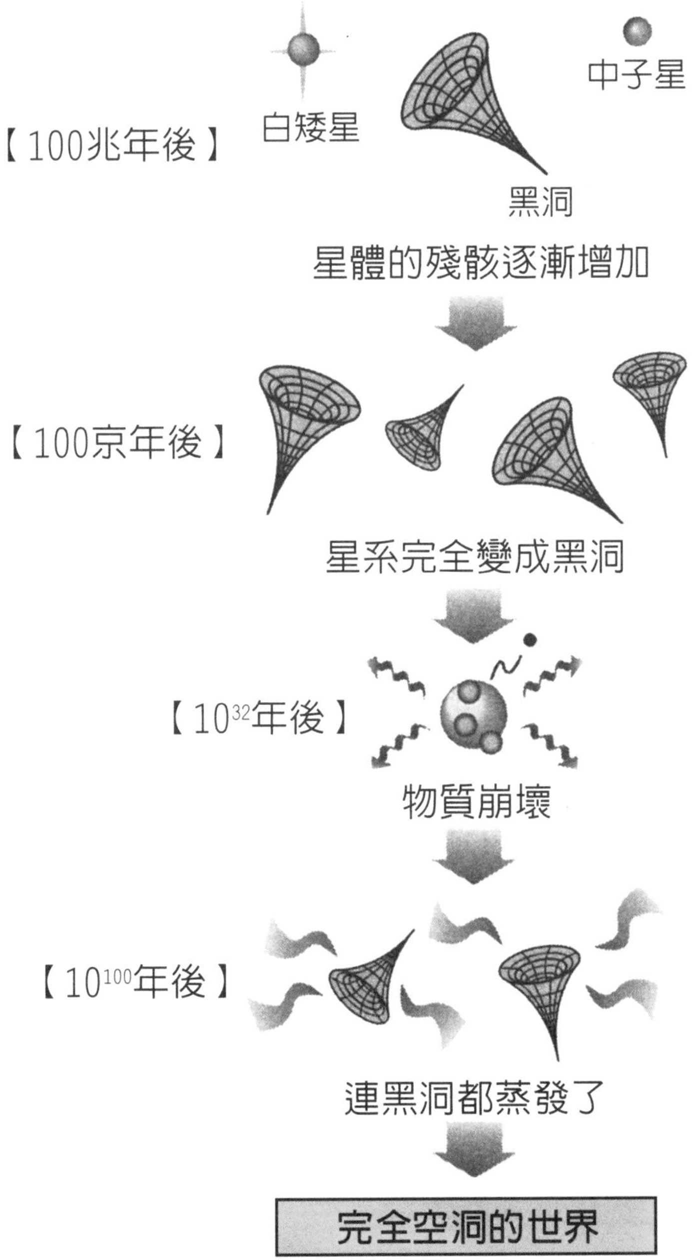
中子星
【100兆年後】
白矮星
黑洞
星體的殘骸逐漸增加
【100京年後】
星系完全變成黑洞
【$10^{32}$年後】
物質崩壞
【$10^{100}$年後】
連黑洞都蒸發了
完全空洞的世界

而若是到了距今$10^{32}$年（100京年的100兆倍）後，物質便發生崩壞。構成原子核的質子和中子將會轉變成電子的反粒子亦即「正電子」或光等。

接著，這種狀態再持續個$10^{100}$年後，黑洞將會因散發出光而慢慢蒸發掉，最後剩下的只是一個僅剩下極少量光子和基本粒子的空洞世界。

這還眞是一個光用聽，就覺得陣陣空虛感襲上心頭的說法呢！

## ◆「封閉宇宙」所引發的大坍縮

另一方面，倘若當宇宙的膨脹達到某一程度時會轉爲收縮的**封閉宇宙**的說法一旦成立，就會變成下列的情況。

轉爲收縮的宇宙，溫度不斷地上昇。最後星系終於產生激烈的碰撞，恆星開始融化，再次變成像大爆炸時的滾燙基本粒子湯，宇宙於是逐步地迎向終點。

這樣的終結法，爲與大霹靂有別而稱之爲**大坍縮**。

然後，再次地轉爲膨脹，新的宇宙歷史又將開始，是否就這樣永遠反覆著大霹靂與大坍縮的過程，亦或是宇宙將隨同大坍縮而就此結束呢？針對這個問題，誰也不敢有明確的答案。

## 「封閉宇宙」的未來

以某個時間點為準開始轉為收縮

↓

一等變成現在宇宙的10分之1大小時……

星系開始產生碰撞

↓

縮成1000分之1大小時
溫度昇至4000度K，物質開始分解

**電漿狀態**

↓

黑洞發生碰撞
物質崩壞

↓

基本粒子熱湯

↓

**大坍縮**

終結

★真的有黑洞的存在嗎？

★何謂宇宙的多重發生(MULTI-PRODUCTION)？

★霍金所提倡的是怎樣的一種宇宙論

★何謂大統一理論和「超弦(superstring)理論」？

★類星體和脈衝星之謎

★宇宙長城(GREAT WALL)——橫跨宇宙的巨大牆壁

★宇宙質量的九成來於黑暗物質(DARK MATTER)！

PART ❷

# 多不可計的宇宙之謎

放眼世界中的研究者們
專注心力所從事的
最先進研究課題

# 1 不該有的「奇異點」存在於宇宙之中!?

## ★向物理法則無法適用的「神學領域」挑戰的量子論

### ◆理應存在於黑洞的奇異點

若是順著大霹靂宇宙模型的時間往上追溯，便會知道宇宙逐漸地收縮，最後則到達宇宙誕生的那一瞬間。時間爲零的這一瞬間，是所有的一切全部重疊整合於宇宙的一點之中的狀態。這時，我們就必須假設宇宙的密度和＊**時空的曲率**是無限大的，在此條件下所造成的物理量無限大的現象就稱之爲**奇異點**。

奇異點也存在於這個宇宙中。質量大的恆星一旦燃燒殆盡開始收縮，就會變成＊**黑洞**，這種現象會持續不斷進行，直到達成具有無限密度的奇異點爲止。換言之，連光線都無法脫出，時間也終結靜止的奇異點就存在於黑洞的中心點。

而就因爲這種奇異點的存在，我們人類的科學法則也不得不舉雙手投降了。奇異點使得所有的科學法則破綻百出，物理上的說明再也無法涵蓋一切。或許只能說那是屬於「神學領域」了。

但是，希望科學法則也能將這樣的極端狀態加以說明的，則是目前研究宇宙論的所有科學家們的目標。於是，＊**霍金**等許多學者發表了各種引人注目的試探性理論，而＊**量子論**在其間便扮演了極重要的角色。

＊時空的曲率 (curvature of space - time)
表示時空的扭曲效應。所謂的時空，是以愛因斯坦在相對論中所倡導的概念為基礎，由3維的空間和1維的時間合為一體而成就的4維世界。
——參照176頁

＊黑洞
——參照下一個項目

＊霍金
——參照100頁

＊量子論
——參照44頁

## 挑戰奇異點

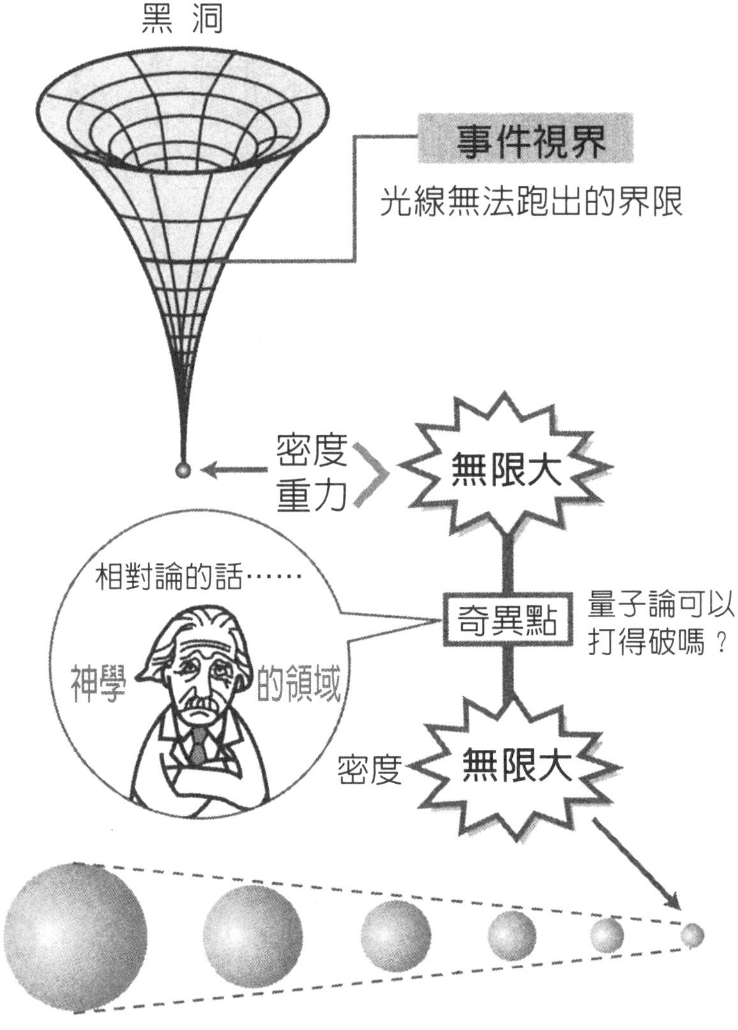


若將古典的大爆炸理論中的時間
往過去回溯的話
宇宙的開始便會到達這個狀態

# 2 真的有黑洞的存在嗎？

## ★連光線都被封閉，時間也不再存在的扭曲時空

### ◆黑洞的存在只能構成情況證據！

黑洞，過去一直都只是被當成一種理論上的產物。

愛因斯坦在1916年提倡*廣義相對論，就在時間、空間和重力被理論性地統一之後的隔年，數學家的*史瓦西首次發現在球對稱的眞空狀態中可以應用廣義相對論，而得到了愛因斯坦的重力場方程式的解。而且，這個解竟成了*黑洞存在的理論上的預測。

這個解答稱之爲「史瓦西解」，而這個球半徑則稱爲「史瓦西半徑」。換言之，亦即在史瓦西半徑的內側，是連光線都無法逃出的部份，在其中心存有重力和密度達到至無限大的奇異點。

然而，愛因斯坦卻未因此而感到欣喜。因爲，就如我們在之前也曾提及的，奇異點的存在在說明上是一件非常棘手的事。

接著，在1939年更由*奧本海默（Oppenheimer）提出了當非常重的星球繼續收縮時，會變成只含中子的中子星，之後還會集中成一個點的證明。

但是，爲黑洞的存在帶來眞實性的，還是必須等到觀測技術大幅度進步的19

*廣義相對論
——參照176頁

*史瓦西
(Schwarzschild)
1873～1916。
德國的天文學家。

*黑洞(black hole)
意謂著連光都無法脫逃，絕對無法看見的「黑色洞穴」。命名者為美國物理學家的約翰·惠勒。

*奧本海默
(Oppenheimer)
1904～1967。
美國的理論物理學家，原子彈計劃的領導人。

## 黑洞的形成

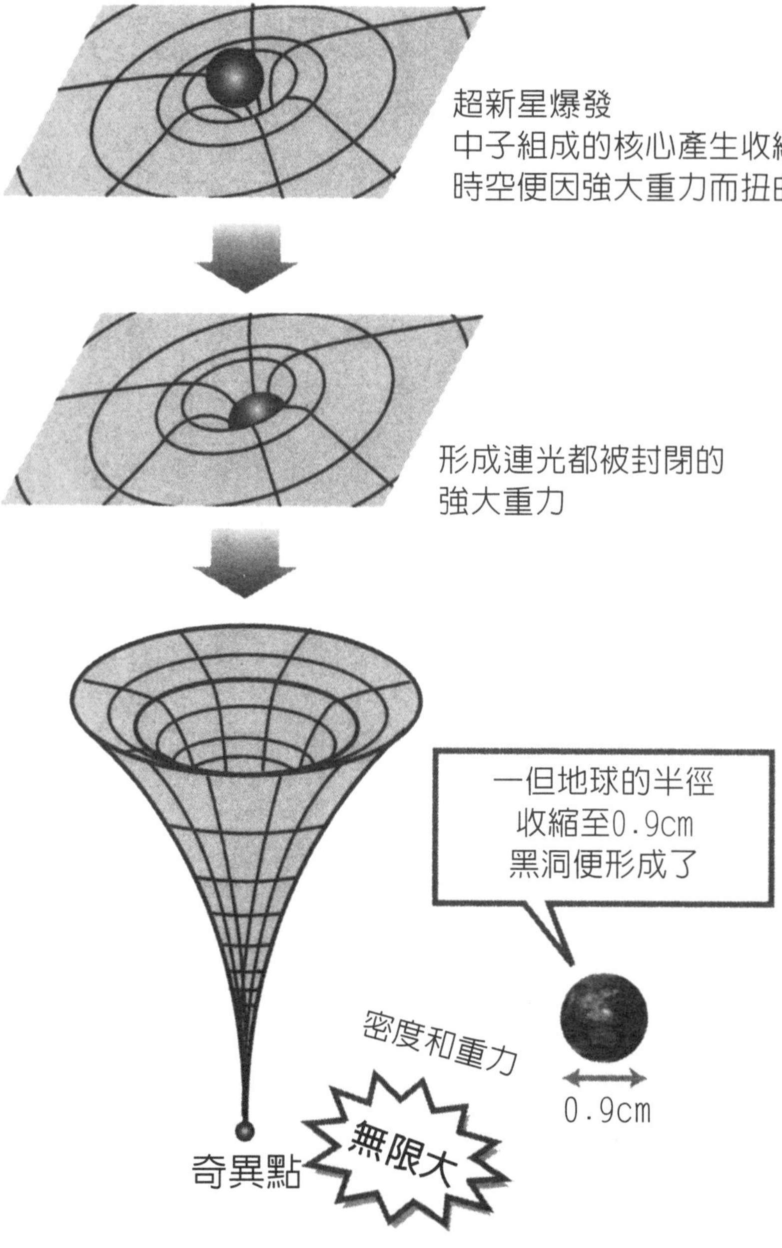

超新星爆發
中子組成的核心產生收縮，
時空便因強大重力而扭曲
形成連光都被封閉的
強大重力
一但地球的半徑
收縮至0.9cm
黑洞便形成了
密度和重力
無限大
奇異點
0.9cm

60年代了。儘管如此，要直接對連光線都無法逃脫的黑洞進行觀測，實在是一件不可能的事。

現在，被列爲黑洞最有力後選者的天鵝座X—1，是個互相繞著對方轉的兩個天體所形成的*雙星系，雖然另一方的天體尚未獲得確認，但似乎就是一種看得見的天體的物質被看不見的天體吸入的型態。看不見的天體的質量據說是太陽的10倍以上，由周圍可觀測到十分強大的*X光。

## ◆黑洞中不可思議的現象

在黑洞中，有著各種不可思議的現象。若是根據廣義相對論，遠望那些亟欲超越隨著距離的減縮時間變得越來越慢，甚至連光也無法逃脫的邊界——*事件視界的物體，會感到那裏的時間就如同永遠靜止般。此乃光的頻率因黑洞的強大重力而增加所致。

內容好像有點科幻偏向了，但倘若有朝一日要前往其他星系旅行時，穿過黑洞或許是較爲明智的抉擇。黑洞若是旋轉的，或許「扭曲(warp)」到宇宙的其他部分，進行所謂的超光速運動也說不定了。同樣地，想要來一趟時間旅行(Time trip)也或許只能透過黑洞才能達成吧！

但是，*霍金卻對這些假設的可能性提出否定的論點。因爲，在進入黑洞的那一瞬間，旅行者早已被分解成粒子單位了。只不過，就量子論而言，在變成粒子的狀態下，是有可能出現在其他的時空的……。

*雙星(聯星)
——參照134頁

*X光
在黑洞的四周，被吸引過來的氣體會邊旋轉邊掉入黑洞而形成一個旋轉圓盤，此圓盤靠近黑洞的部份被加熱成高溫，或許就是因為如此才放射出X光的吧。

*事件視界
此時象地平面的內側就是黑洞。

*霍金
霍金曾提出在宇宙初期有許多迷你黑洞形成的論點，但尚未被觀測到。

## 霍金消滅了黑洞的奇異點？

根據
**量子力學的**
不確定性原理

粒子在短距離內是可以行進得
比光速還快的！

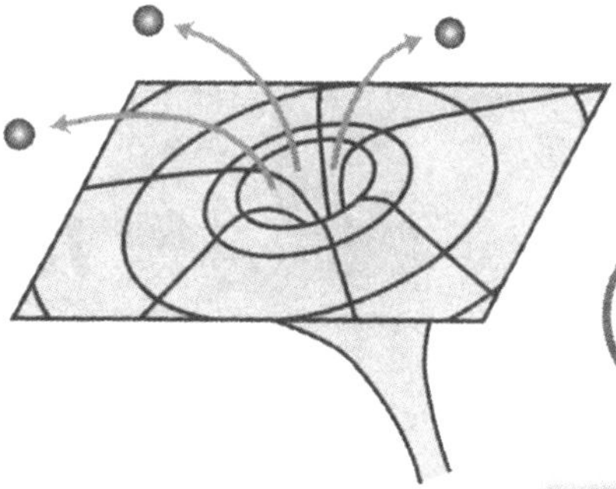

粒子經由事件視界從
黑洞中逃脫出來

黑洞越小
粒子速度的不確定性
就會越大

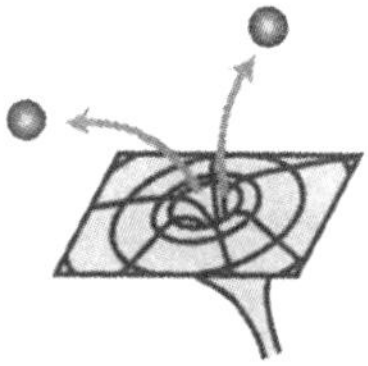

粒子被大量地放出
質量就會越來越小
粒子越被大量放出
**最後終至完全消滅**

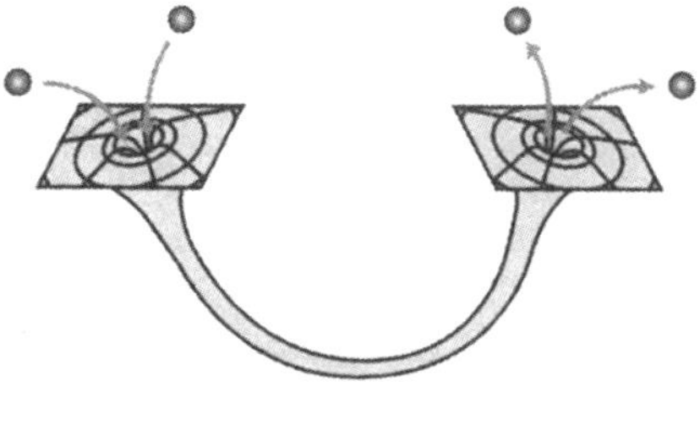

掉入黑洞的物體
或許就在宇宙的
其他部分中
變成粒子
慢慢地掉落出來……

# 3 何謂宇宙的多重發生(MULTI-PRODUCTION)？

## ★宇宙正可能陸續不斷地製造著下一代！

### ◆如同被擠壓出來的泡泡般的子宇宙、孫宇宙的誕生

根據最新的宇宙論，宇宙在誕生後，從*宇宙暴脹成火球大爆炸，但宇宙暴脹理論卻導出了宇宙並非只有一個，亦即**宇宙的多重發生**(MULTI-PRODUCTION)的驚人可能性。那麼，宇宙的多重發生究竟是如何引起的呢？

在宇宙暴脹的過程中所引發的***真空相變**，便是一種從宇宙的舊眞空中連續不斷地生出新的眞空泡泡的現象。說起來就像是連續不斷冒出來的泡泡，彼此互相地吸附結合而擴展成一個全新的宇宙領域的感覺。

然而，那個似乎要被新的眞空泡泡所壓毀的舊眞空領域，竟又引發宇宙暴脹進化成別的子宇宙。接著，這個子宇宙也引發宇宙暴脹進行相變，於是又從子宇宙生出孫宇宙來。

就這樣，由親宇宙衍生出無數的子宇宙和孫宇宙——正象徵著宇宙增殖的無限，這就稱之爲宇宙的多重發生。

*宇宙暴脹——參照46頁

*真空相變——參照48頁

## 子宇宙誕生於宇宙暴脹的過程中

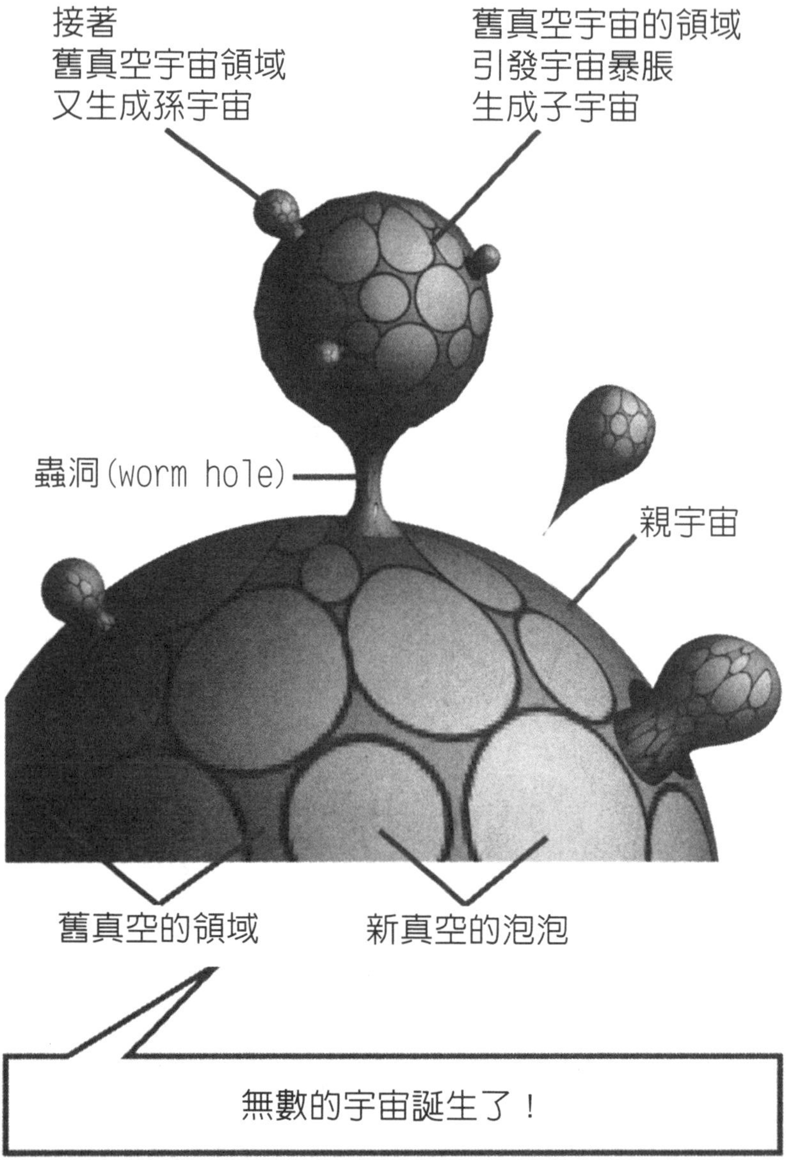

## ◆蟲洞和黑洞

如此生成的子宇宙，便成爲一個和親宇宙沒有任何因果關係，完全獨立的宇宙。親宇宙和子宇宙間靠著稱爲蟲洞（worm hole）的通道加以聯繫的，這蟲洞是種只有$10^{-33}$公分的量子論尺寸的微小管道。而且，隨著時間的經過，連結宇宙的＊**蟲洞**部份會逐漸地收縮，最後或許就因而切斷了。

另外，蟲洞和黑洞間也有相當親密的關係。

透過新宇宙所看到的蟲洞和黑洞是無從分辨的。連結一個宇宙的黑洞和另一個宇宙的黑洞間的時空隧道，據推論便是這種蟲洞。

此外，有一種和黑洞的時間呈現完全反向行進的星體，則稱之爲**白洞**（white hole）。那是一個只是不斷噴出物質，任何東西都無法進入的領域。霍金認爲，這種白洞或許是和其他宇宙中的黑洞相連結的。

不管如何，若是根據這種完全獨立的宇宙逐漸增多的多重發生說，我們既無從去認識別的宇宙，而且我們的宇宙也可能並不是親宇宙。因此，在目前黑洞和蟲洞無法自由來回的情況下（理論上被認爲是不可能的……），我們所能見到的就只有我們自己的宇宙了。

＊蟲洞（worm hole）
不管是蟲洞，亦或是白洞，都包含在史瓦西解之中。此外，蟲洞的命名者便是黑洞命名者的惠勒。

## 蟲洞是連接點……

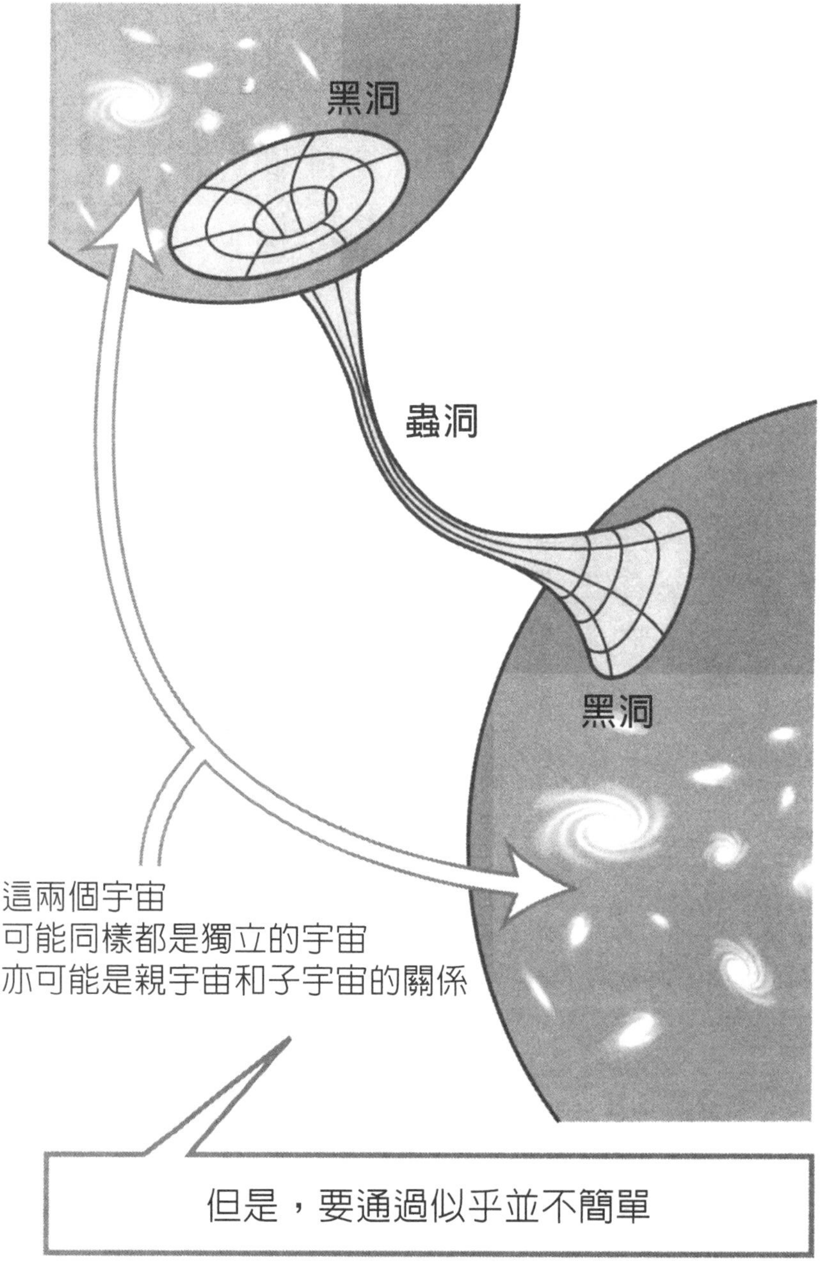

黑洞
蟲洞
黑洞
這兩個宇宙
可能同樣都是獨立的宇宙
亦可能是親宇宙和子宇宙的關係
但是，要通過似乎並不簡單

# 4 霍金所提倡的是怎樣的一種宇宙論

## ★一旦量子論導入虛數時間，奇異點將會消失！

### ◆和一般時間呈直角交叉的時間存在嗎!?

霍金認爲，*相對論的時空是無法將時間和空間完全統一的。此外，還有時間是獨立的一維直線般的一種存在的說法。但是，*量子論的運用卻解除了時間這一維所扮演的角色，如此一來，時間和空間便可以完全統一，對於宇宙誕生瞬間的說明或許也就能更詳盡了吧！

於是，他藉由在量子論的計算中放入**虛數時間**的概念，使得探求宇宙的起源可以不必再拘泥於***奇異點**之上。所謂的虛數時間，就是用普通時間乘以***虛數**i所得的變數來記述時間者稱之。藉由這種虛數時間的運用，空間和時間可以合而爲一，範圍有限但卻不具邊界、端點和奇異點的時空於是誕生。

雖然虛數時間無法做具體的描繪，霍金則說道：「只要把它想成是和我們經驗中的實數時間成直角的時間即可」。聽了這個解釋而能點頭贊同的，大概不會是泛泛之輩吧！事實上，物理學家中對虛數時間無法理解的也不在少數。於是，他又說道：「我們所認識的實數時間或許正是虛數時間，而虛數時間才是眞正的實數時間也說不定」。

*相對論、時空
——參照176頁

*量子論
——參照44頁

*奇異點
——參照90頁

*虛數i
一般而言，普通數（實數）平方後一定是正數，而平方後會變成負數的假想數便是所謂的虛數。加上虛數單位i後，以2i的方式表示。因此，2i的平方便是-4。

## 虛數時間的可能性

虛數時間和時空以同樣的方向行進著

↓

就如同地球表面一樣，
範圍有限卻毫無邊界的時空得以成立

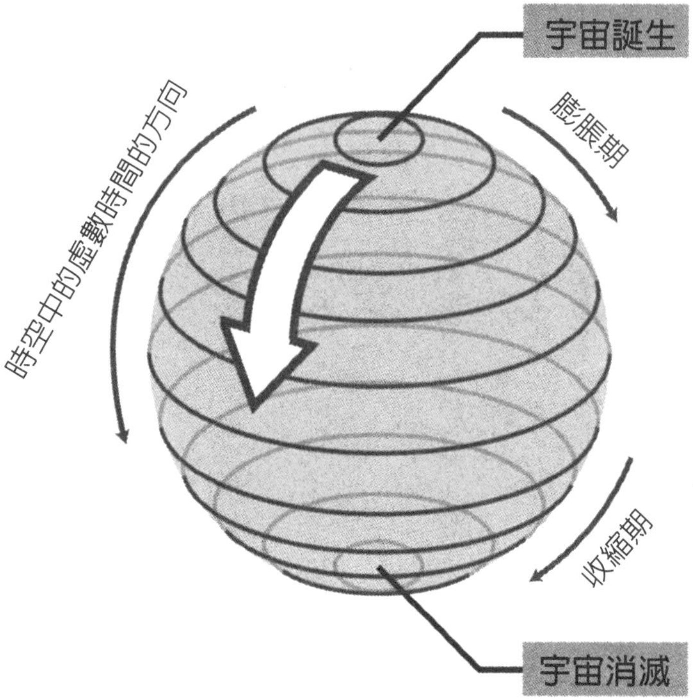


如此一來

邊界消失 → 無邊界狀態 ＜ 奇異點消失

在虛數時間的假設下，經由虛數時間的蟲洞
便可自黑洞逃脫出來

# 5 大統一理論——宇宙在膨脹之前如神話般的力量為何？

## ★4大基本力原是一體!?

**◆活躍在物質與物質間的4種自然力！**

現代物理學認爲存在電磁力、弱（交互）作用力、強（交互）作用力和重力4種基本力。

①**電磁力**：作用於帶有電荷的粒子間的引力和斥力。磁鐵的正極和負極間的相互吸引，同極間的互相排斥正是這種力量的表現。

②**弱作用力**：引發中子和衰變的力量。

③**強作用力**：又稱爲核力，集合夸克形成原子核的力量。

④***重力**：指牛頓的萬有引力。

其中的①和④的作用距離可達無窮遠，②和③則只作用於原子核大小程度的範圍之內。此外，①的電磁力作用於帶電荷的粒子間，而④的重力則作用於帶有質量的所有粒子之間，4種力各有各的作用範圍。

但是，在引發大霹靂之前的宇宙中，這4種力被認爲是統合爲一體的，因此在它之前的階段便需要所謂的***大統一理論**。

*重力
——參照174頁

*大統一理論
英語稱為GUT。在自然界重力、電磁力，以及原子核內的弱、強作用力的4種力之中，統一重力之外的另外3種力量的一種理論。若再將重力加以統一則成為所謂的超統一理論（量子重力理論）或「超弦理論」（106頁）。

## 作用於自然界的 4 種力

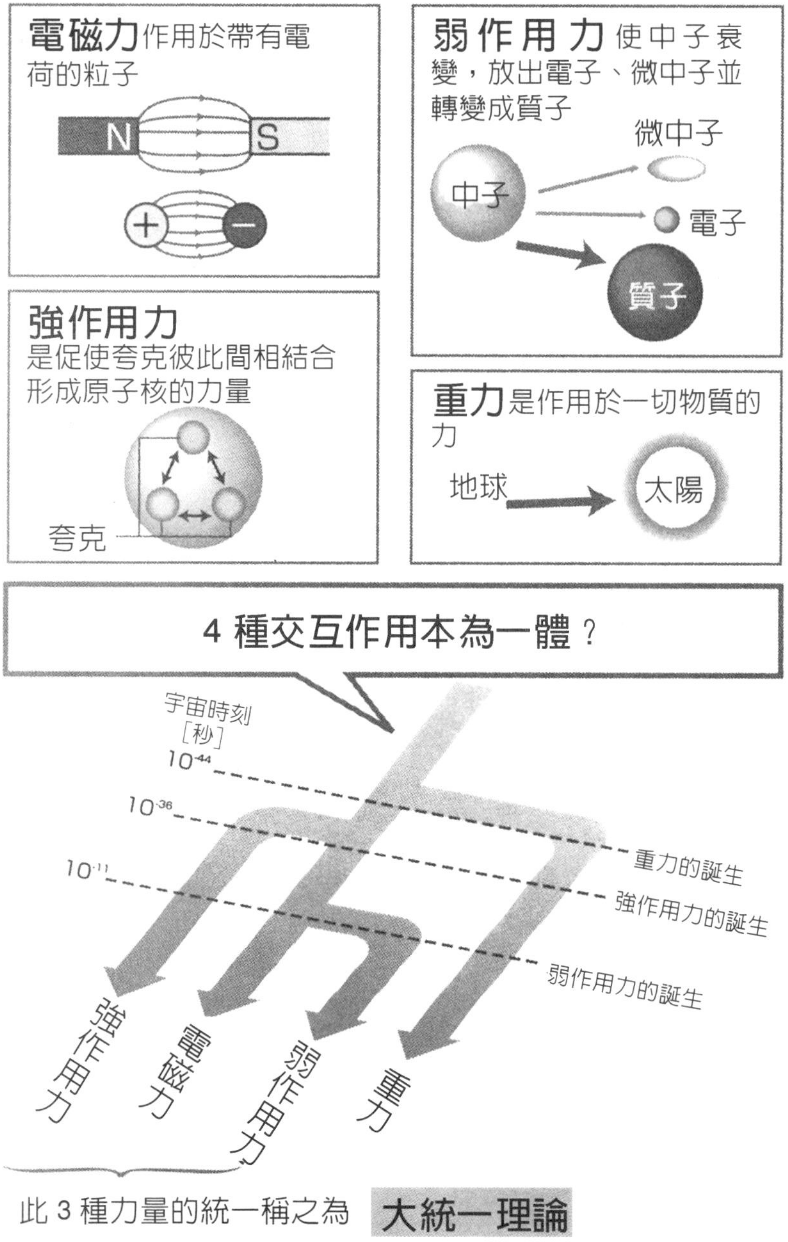
電磁力作用於帶有電荷的粒子
N
S
弱作用力使中子衰變，放出電子、微中子並轉變成質子
微中子
中子
電子
質子
強作用力是促使夸克彼此間相結合形成原子核的力量
夸克
重力是作用於一切物質的力
地球
太陽
4 種交互作用本為一體？
宇宙時刻
[秒]
$10^{-44}$
$10^{-36}$
$10^{-11}$
重力的誕生
強作用力的誕生
弱作用力的誕生
強作用力
電磁力
弱作用力
重力
此 3 種力量的統一稱之為 大統一理論

## ◆大霹靂宇宙論因大統一理論而完成!?

其實，在提倡大統一理論的背景下是早有伏線可尋的。

其開端則是來源於「電磁力和弱核力在1000億電子伏特的高能量狀態下將無法加以區別」的**「電弱」**＊**統一理論**。

因此統一理論的確立，自大霹靂發生的100億分之1秒後，宇宙逐漸冷卻，一直無所區別的電磁力和弱核力各別作用的現象也獲得了說明。

「因此，剩下的其他兩種力量，或許從一開始也是統一在一起的吧？」在如此的假設下所提倡的便是所謂的大統一理論。換言之，其所表達的便是在大霹靂之前統一不可分的4種力，隨著宇宙的膨脹逐次地分離並生成各種的基本粒子，藉由這些基本粒子彼此間的結合，也出現了形成現今宇宙的種種物質的一種觀點。

因此，大統一理論可說是一個支撐大霹靂宇宙論的強力理論。

## ◆邁向21世紀的最大課題！

為了證明大統一理論，必須具備電弱統一理論實驗中所使用的100兆倍的能量。因此，即使理論完成，目前的情況下還是不可能獲得證實。但是，在宇宙和基本粒子的「創世紀神話」的說明上，可稱得上是個有力的假說，因而頗受物理學者們的青睞。

或者，我們可以說它是20世紀的物理學留給21世紀的一個最大課題。

＊統一理論（即葛拉秀—溫伯格—沙拉姆理論，Glashow-Weinberg-Salam theory）

1967年由美國哈佛大學的溫伯格和倫敦大學的沙拉姆在葛拉秀的工作上分別提倡，而後因此功績在79年獲得諾貝爾物理學獎。接著，他們還提倡了大統一理論。

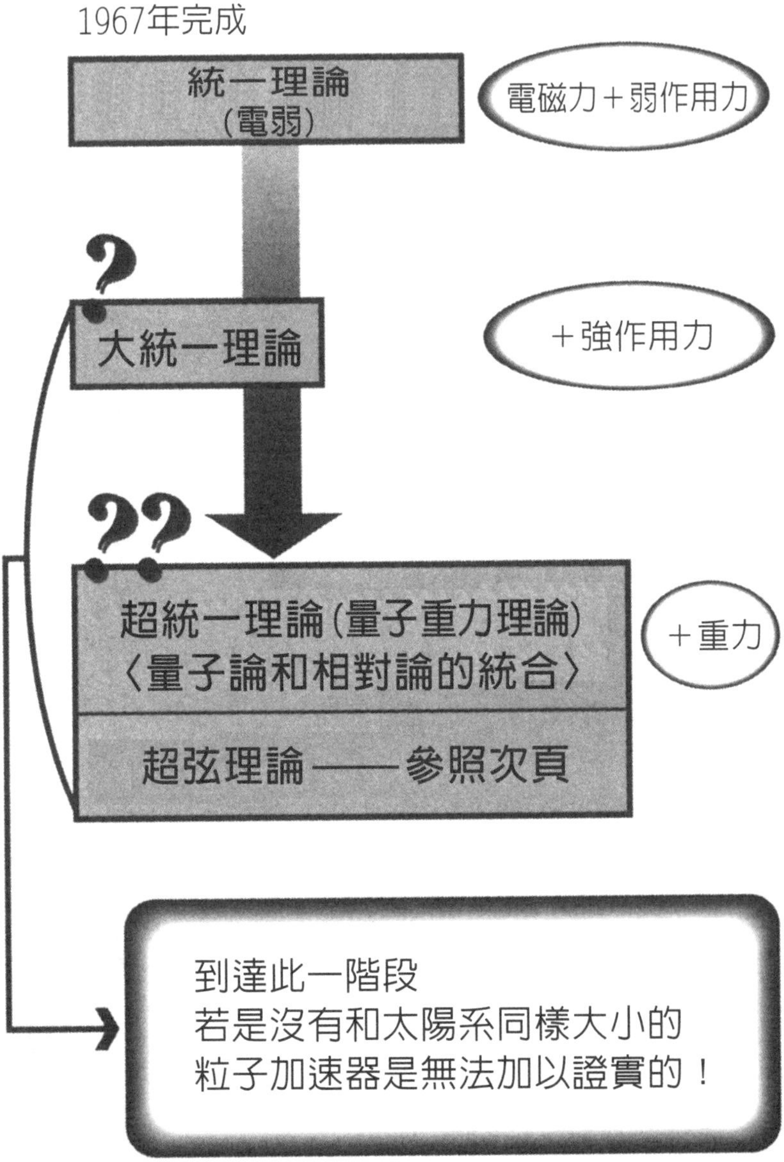
1967年完成
統一理論
(電弱)
電磁力＋弱作用力
大統一理論
＋強作用力
超統一理論(量子重力理論)
〈量子論和相對論的統合〉
＋重力
超弦理論——參照次頁
到達此一階段
若是沒有和太陽系同樣大小的
粒子加速器是無法加以證實的！

# 6 何謂「超弦（superstring）理論」？

## ★得以解開宇宙最終眞相的最新理論

### ◆這個世界的一切都是始於「基本弦」？

在近年來所有探究宇宙的物質、能量和時空的最終眞相的理論中，被公認爲最具可看性的莫過於**超弦**（superstrings）**理論**了。

究其理論內容而言，乃是主張物質的根源並非點狀的粒子，而是一種如同細緣狀的基本弦。說是如細線一般，粗細也不過是只有$10^{-33}$公分的量子尺寸罷了。藉由這種＊**弦振動**的方式和振動能量，所有的基本粒子於是形成。

這實在是相當奇妙的一種理論，但它在數學推演上卻比以往的量子論更加自給。此外，更因爲以點狀的粒子進行各種量子效應的計算時，總是馬上會出現無限大的答案來，如今將其擴張成弦狀，終於得以成功地導出有限的解答。

在以超弦理論爲基礎的宇宙論中，宇宙誕生於10維時空，並在誕生後的$10^{-43}$秒左右便收縮了6維，剩下的3維空間則膨脹而形成現在的宇宙。至於那6維因封閉於弦之中，而無法觀測得到。

這個超弦理論除了在數學上也有難以解答的問題，本身就是個未完成的理論，但因其在解決自然力的統一理論方面具有相當高的可能性，故備受學界的期待。

＊弦振動
藉由其開展、閉合和回轉等運動的不同，有時就如同是輕子的電子，有時看起來又像是光子一樣。甚至對於前面所提及的4種自然力間的相互作用，也可以其環狀弦被扯開而分離為二又合為一體的方式來加以說明。

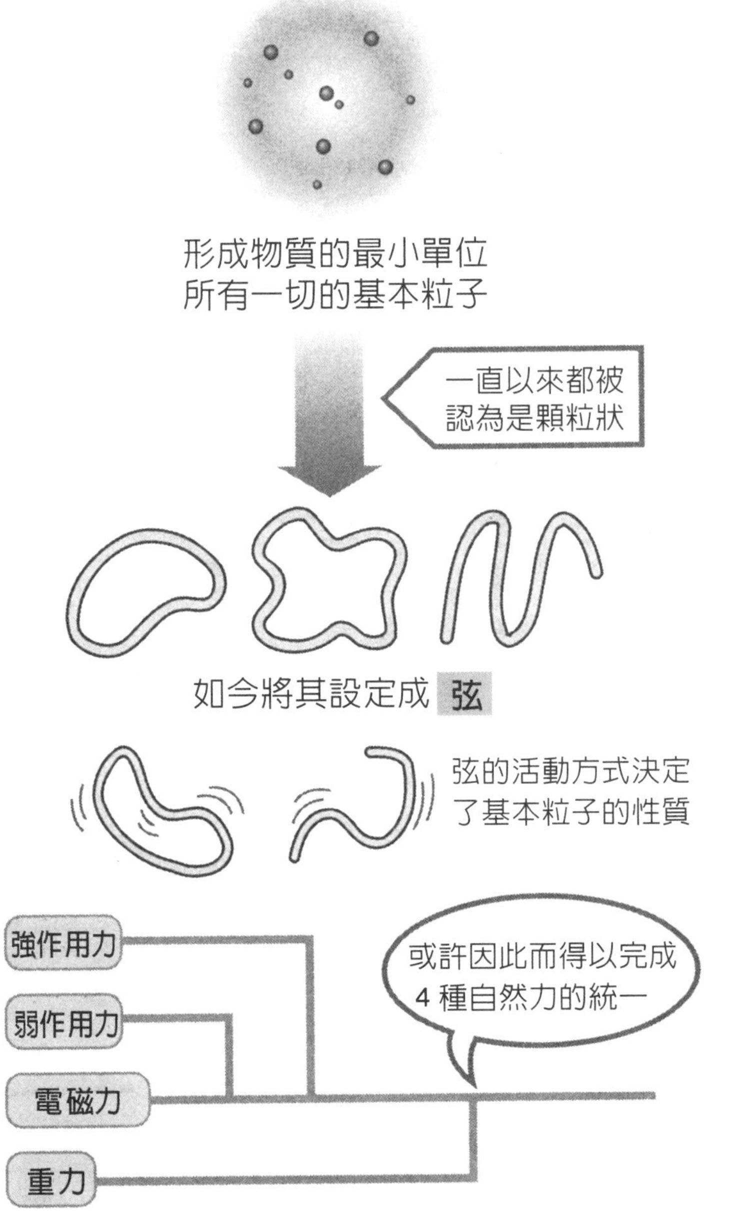
形成物質的最小單位
所有一切的基本粒子
一直以來都被
認為是顆粒狀
如今將其設定成 弦
弦的活動方式決定
了基本粒子的性質
強作用力
弱作用力
電磁力
重力
或許因此而得以完成
4 種自然力的統一

# 7 以每秒5萬公里離去的謎樣類星體

## ★宇宙盡頭的巨大能量的真面目？

### ◆在中心部位擁有巨大黑洞的「銀河蛋」

就在離今天約40年前的1960年，一個號稱是天文學上最大之謎的天體被發現了。那就是**＊類星體**。類星體雖然放射出極強的電波，從光學望遠鏡上看到的卻意外地只是個泛著微弱青白光的星球。然而，實際上它卻是顆不可等閒視之的星球。

美國天文學家M．施密特研究類星體的**＊光譜**(spectrum)照片，發現了光的波長呈現的**＊都卜勒紅移**的現象竟達16％。都卜勒紅移現象在銀河系中只有0.1％，而在哈伯所觀測到的宇宙膨脹中也僅有數％之多，更顯出此數字的驚人之處。換言之，即表示類星體正以每秒5萬公里的速度(光速是每秒30萬公里)快速遠離中。

世界上的天文學家們無不大受震撼。於是，針對其他的類星體也做了調查，有的竟然距離有一百億光年之遠呢。普通的星系若是在這種距離下，便可能只剩100分之1以下的亮度了，但類星體在產生都卜勒紅移之餘，居然還能泛著青白光。這正意味著它所放出的能量有銀河系的100倍以上。

而且，類星狀天體的亮度是以數個月的週期在變化的，這也表示了它所代表的

＊類星體
英文名quasar是取quasi stellar object的頭個字母，又稱為QSO，是由美國的帕洛馬天文台所發現的。

＊光譜(spectrum)
指光經由稜鏡之類的分光儀後所產生的波長和強度的分布。

＊都卜勒紅移
逐漸遠離的天體的光譜會因都卜勒效應而產生波長靠往紅色邊的現象。

是有超新星的10億倍大規模的、難以估計的大型爆炸。

那麼，類星體的眞相究竟是如何的呢？

如此一來，不免讓人懷疑：或許在類星體的中心存有一個質量高達太陽的10億倍之多的巨大黑洞也說不定。此外，這或許也是在星系誕生前的活動吧！換言之，說不定我們所處的這個銀河系原先就是個類星體喔！

## 在類星體的研究中，發現它正以每秒5萬公里的速度快速遠離中

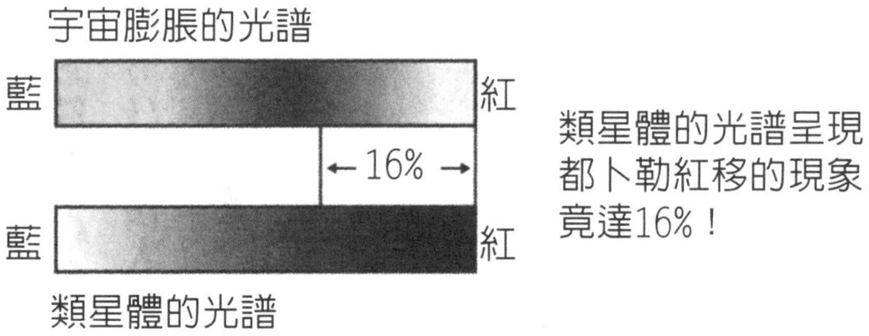


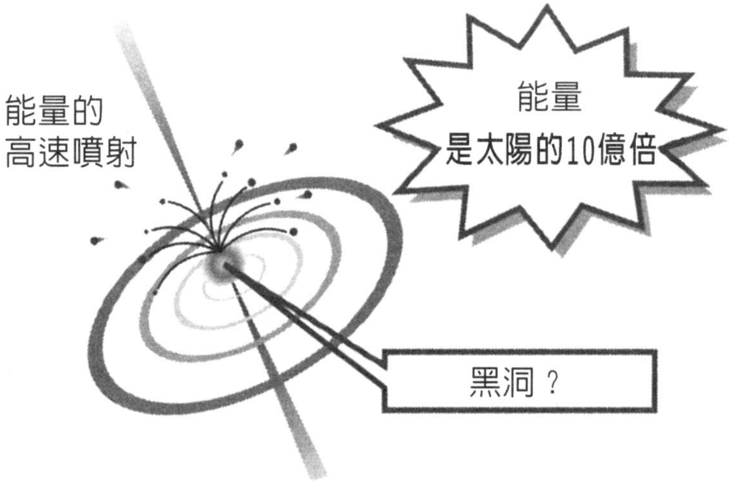

## 8 「宇宙的燈塔」脈衝星和中子星之謎

### ★規則電波是來自外星人的信號？

**◆連「外星人通信說」都牽扯出來的謎樣電波源**

如果有一天遠從宇宙的那一端傳來像摩斯電碼般、有著準確週期的電波時，我們應該要如何去應對呢？搞不好可能會像科幻電影一樣：「莫非這是外星人傳來的訊息？」而大爲慌亂一番吧！但是，事實上，這樣的事卻眞的發生了。

１９６７年，劍橋大學的女研究生喬賽琳・貝爾觀測到自宇宙遠方傳來的神秘電波。那是一種有著1.3373011秒的極短週期、具有相當強度的電波。她當時所專攻的正是電波天體的研究，但卻從未見過具有如此規則、短暫週期的脈衝。

這個天體就這麼反覆地像脈衝般地忽隱忽現，因此後來便取其「脈動的電波星」之意而稱之爲＊**脈衝星**。宛如是住居在宇宙遙遠那一端，具備知能的生物所傳送而來的訊息一樣，一時之間造成了大騷動，連科學家們也開始認眞地檢討起「外星人通信說」的可能性了。而當時的電波源還甚至被取了個「小綠人」的名稱呢。

**◆真相竟是超新星爆發後的殘骸——中子星！**

在接下來的研究中，我們終於知道了，原來脈衝星就是擁有每１立方公分有１億噸重的驚人質量的＊**中子星**。倘若不具備如此的質量，像脈衝星這般以極短週期

＊脈衝星
作為指導教授的休伊什博士因這個發現在74年獲頒諾貝爾物理學獎。同時，因個人創意而察覺到脈衝星的存在的學生貝爾是否也應獲此殊榮的問題也備受爭議。

＊中子星
超新星爆發之際，因中心部份受到擠壓，導致構成原子核的質子吸收了電子而變為中子，並進一步形成巨大的中子團塊。擁有約地球的1兆倍的強力磁場。
——參照72頁

## 「宇宙的燈塔」脈衝星

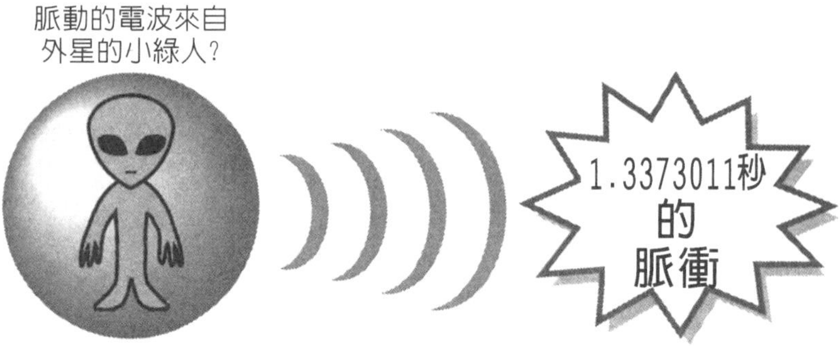
脈動的電波來自
外星的小綠人?
1.3373011秒
的
脈衝

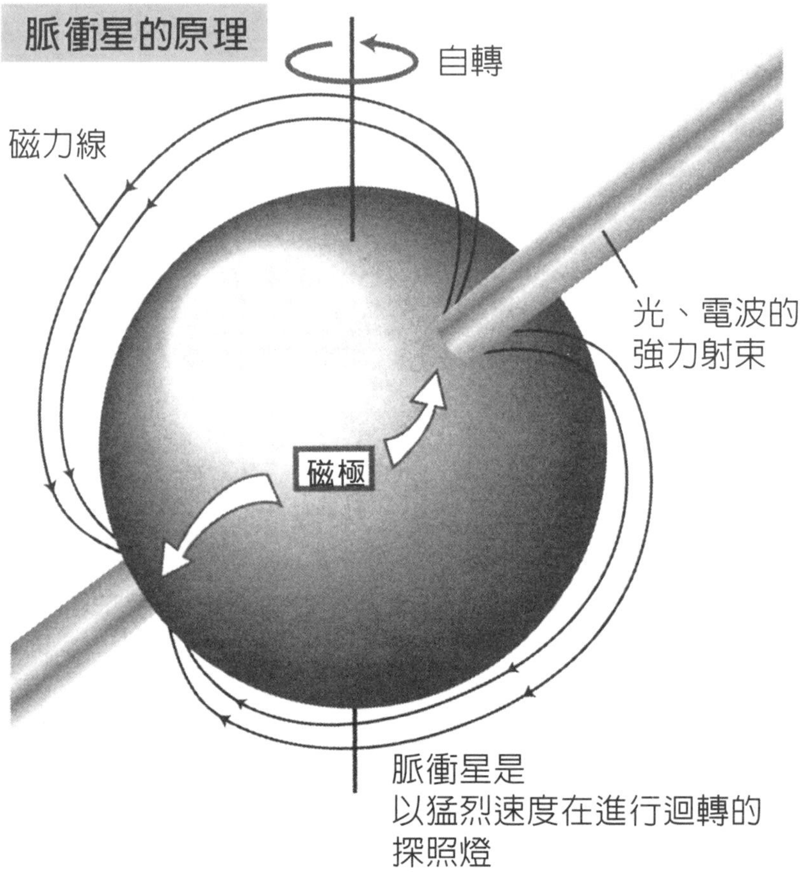
脈衝星的原理
自轉
磁力線
光、電波的
強力射束
磁極
脈衝星是
以猛烈速度在進行迴轉的
探照燈

高速自轉的情形，怕不早被離心力給扯得粉碎才怪！

直徑僅約10～20公里的中子星高速地旋轉著。而因為偏離這個自轉軸的南極和北極中所有的強力磁場，帶著電荷的粒子被吸入且互相產生碰撞，在中子星表面撞擊而放出光(電磁波)。這種光會從連結極點的軸上形成光束射出，隨著中子星的自轉，就宛如是一座燈塔般地照耀著整個宇宙，電波直朝地球而來。

**◆1054年所觀測到的超新星爆發的殘骸中發現有脈衝星……**

從脈衝星到光束的發射之間的過程，至今尚未能完全說明。但是，其真正身份為中子星的判明，則於1969年透過對蟹狀星雲的觀測而獲得證實。

蟹狀星雲，是位於金牛座牛角部位的超新星的殘骸，因為在望遠鏡中所見的就如同是伸展著腳的螃蟹一樣，故取名為蟹狀星雲。事實上，早在1054年，中國和日本便已留傳有「金牛座上出現了白天也看得見的星星」之類的記錄。這肯定是超新星爆發。而現在，其中居然發現了週期為0.0331秒的脈衝星，甚至還觀測得到其忽亮忽滅的閃光。

至今有1000個以上的脈衝星被發現，有關「宇宙的燈塔」之謎也正在一點一點地逐漸地明朗化中。

## 脈衝星原來就是中子星

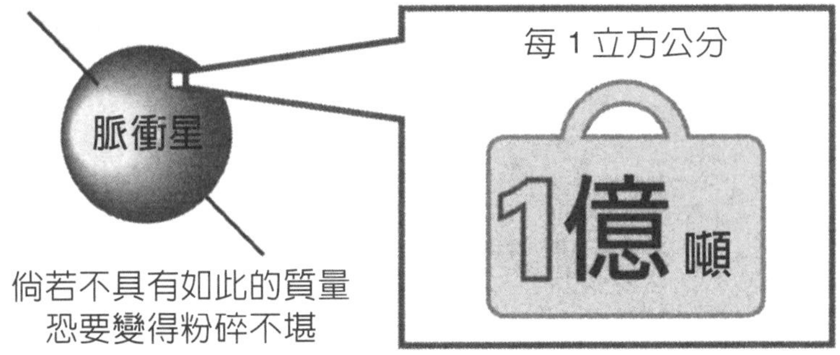

脈衝星
每1立方公分
1億噸
倘若不具有如此的質量
恐要變得粉碎不堪

### 在變成中子星之前

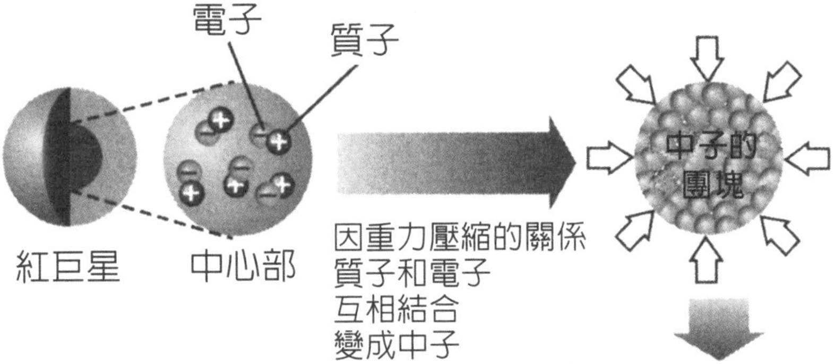

電子
質子
紅巨星
中心部
因重力壓縮的關係
質子和電子
互相結合
變成中子
中子的
團塊

超新星爆發
留下中子星

### 記載著超新星、蟹狀星雲的古書

蟹狀星雲在中國和日本的記錄中有所留存。在中國，把像超新星這類突然出現的星體稱為「客星」，根據記錄上所記載的，蟹狀星雲1054年便展現了它的光芒。此外，日本的詩人·藤原定家也記錄有蟹狀星雲的事，並明記其亮度可列為-16.6等左右。

# 9 宇宙長城（GREAT WALL）——橫跨宇宙的巨大牆壁

## ★星系密集的「宇宙圍牆」的另一邊是什麼

**◆星系團所形成的5億光年的「巨大牆壁」被發現！**

隨著對於星系分布的觀測的進行，宇宙的*氣泡構造也逐漸地明朗化了。被認爲是氣泡構造發現者的葛拉（Margaret Geller）教授做成了可以由北半球看到的星系的分布圖。結果，她因而發現了在距離銀河系3億光年的那一端，星系竟如同牆壁般地密集分布著。而且，那還是一個長度約有5億光年的巨大物體。

被稱爲*宇宙長城（GREAT WALL）的這個星系集團，或許在宇宙中也稱得上是最大等級的構造物吧！而且，接著又在從南半球望去的方向上發現一個和宇宙長城同樣的星系集團，稱之爲**「南方長城」**。

根據研判，這個宇宙長城和南方長城可能就是在宇宙的泡泡交替時所形成的星系集團。

另外，在距離我們所在的這個銀河系50億光年的宇宙空間中，大約每隔4億光年便會有幾個星系集團如圍牆般地橫列著之類的觀測結果也時有所見。這樣的圍牆稱之爲**「宇宙圍牆」**，而宇宙長城和南方長城也算是其中之一吧！只要能飛越過星系的圍牆，宇宙的地平線或許就在眼前也說不定。

＊氣泡構造
在１９８９年由哈佛史密松天體物理學中心的瑪格雷特・格拉教授所發現。
——參照26頁

＊宇宙長城（GREAT WALL）
長度有5億光年以上，幅寬是2億光年，厚度則為１５００萬光年，據推測約有４０００個星系的存在。

## 宇宙長城(GREAT WALL)

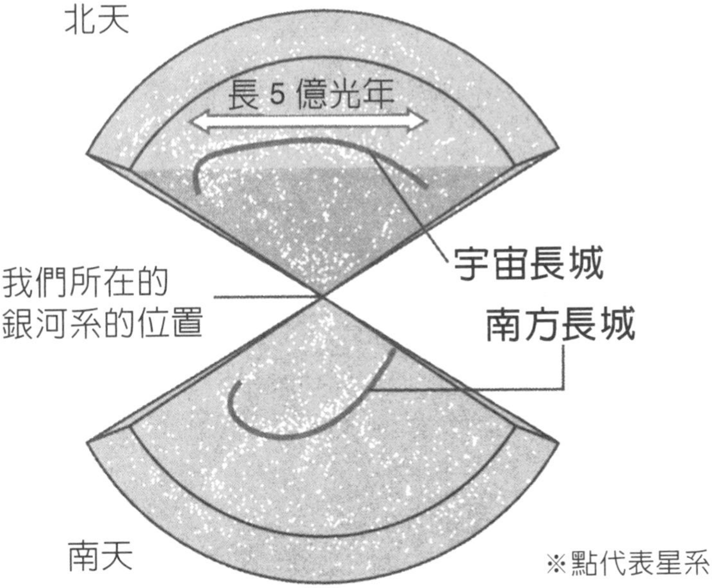


相距 5 億光年的那一端有著巨大的牆壁！

宇宙中存在星系的圍牆

# 10 宇宙質量的九成是黑暗物質(DARK MATTER)!

## ★將星系連結在一起的不明重力物質是什麼?

### ◆宇宙最大等級之謎——黑暗物質(DARK MATTER)至今未明

關於宇宙中的種種謎團，還留有許多無法解明的疑點。而其中足以列入前三名的就屬**「黑暗物質」**了。

這個問題是從「爲何星系會形成集團」的疑點衍生而來的。從宇宙誕生，由星際氣體生成星系的一百億年以上的時間過去了，銀河系和仙女座大星雲等集結的星系團卻未曾散開過。

是因爲重力的作用而彼此集聚在一起的嗎?但是，不管針對星系團全體的重力做過多少的觀測，得到的答案也只不過是維持星系團所必要的強度的10%左右罷了。換言之，剩下的唯一的可能性就是其中存在有接近星系團全體的10倍的「不明重力物質」了。

這也就是被稱爲 DARK MATTER 的黑暗物質了。

黑暗物質的存在已受到所有相關研究者的認同，但其眞相至今仍是個謎。目前有所謂的「在宇宙誕生初期所生成的大量迷你黑洞」「被認爲不具質量的＊**微中子**其實擁有極小的質量」等說法，但均無法成爲決定性的理論。

＊微中子
不具電荷和質量的一種基本粒子。因為連地球都可以輕易地穿過，只有在裝有數千噸水的大池中設置檢測器，對部份微中子因和水分子中的電子碰撞令其高速運動而發出的輻射進行觀測一途。位於日本岐阜縣神岡山的「超級神岡探測器」即屬此類觀測設施。

## 黑暗物質之謎

黑暗物質究竟是什麼？

- 100萬度～1億度的電漿？
- 棕矮星般的普通物質（重子）？
- 迷你黑洞？
- 未知的粒子？

★銀河系的中心是黑洞!?
★1等星的天狼星有白矮星的夥伴同在!
★在大麥哲倫星雲上所觀測到的超新星爆發
★演出極光和鑽戒狀光圈等精采戲碼的太陽電漿
★月球的形成其實充滿了謎團
★來自火星的隕石中發現有「微生物化石」!?
★彗星的「巢穴」在哪裏?

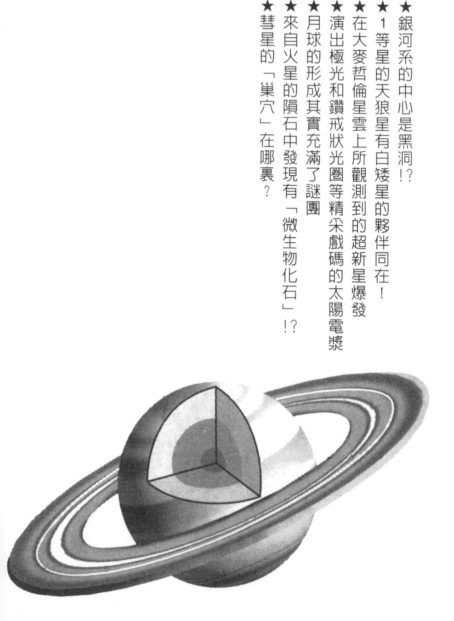

投入滿天星辰閃爍的光海中——
永無盡頭的
夜間飛行

# PART ❸
# 銀河系和太陽系的趣味百科

# 1 銀河系不為人知的一面逐漸現形！

## ★以秒速220公里在轉動的旋渦中心有著什麼呢？

### ◆銀河系是個巨型的銅鑼燒？

最近，幾乎在都會的夜空中再也不曾見到，但高掛在夜色中的銀河實在是美得令人難忘！朦朧的白色光帶呈拱門狀地舖陳在夜空中，英語稱之爲Milky Way眞是再適合不過了。

而這條銀河也正是我們的太陽系所屬的**銀河系**這個螺旋星系的斷面圖。

銀河系由上往下看呈現的是個轉動著帶旋臂的圓盤，側面望去則可見到一條暗黑的帶狀橫切過圓盤正中央，看起來有點像是銅鑼燒的樣子。所呈現出來的就如同是天河被切開一分爲二的斷面圖。

然而，在最近的觀測上，卻有越來越多的資料傾向支持銀河系是一種棒旋星系的說法。

所謂的棒旋星系，就是一種中央的鼓脹部是呈棒狀的星球集團，而從兩端伸出2條螺旋狀手臂的變形銀河。

銀河系的直徑約10萬光年，銀盤中間厚，外緣薄，平均厚度約六〇〇〇光年。螺旋中央突起稱爲核球（bulge），其直徑約1萬光年。儘管如此，連秒速高達30

## 銀河系的真面目？

由側面望去

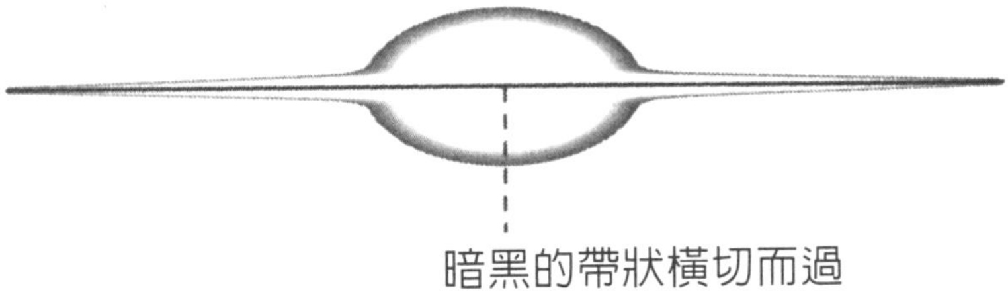


由上往下看

接續P.67

最近的觀測顯示提昇了「棒旋星系」說法的可信度

萬公里的光都需要花費這麼多的年數了，無可否認的是那些都是我們所難以想像的「天文學上的」距離。

此外，太陽系的所在離銀河系中心約2.8萬光年。

## ◆銀河系的中心果然也是個黑洞？

圓盤狀的銀河系大約2億年迴轉1次。

或許你會認爲：「轉得還眞是悠閒呢」，但那是因爲規模過於巨大所致，實際上的速度則高達秒速220公里。那可是地球公轉速度的10倍左右的超猛烈速度呢。

在銀河系中央的不只是恆星，還充滿了＊**星際氣體**，到現在仍陸續有恆星的誕生。除了氣體會從中心往外放出，中心附近的氣體則以極快的速度在中心核周圍旋轉著。

此外，在其正中央被認爲存有一個質量約爲太陽的100萬倍的超小型天體，這種天體就是我們所稱的黑洞。

在＊NGC4258螺旋星系中心進行高速迴轉的氣體圓盤在1995年被觀測到，根據計算得知其質量約爲太陽的3600萬倍。能擁有如此質量的天體，大概就只有黑洞了。

星系的中心核存在黑洞的首度獲得證實，我們的銀河系其實是繞著中央黑洞轉動的可能性也因而提高。

＊星際氣體
氫佔有90%，其餘的則幾乎全是氦。

＊NGC
是丹麥天文學家的德雷爾搜集7840個星雲所製成的目錄符號（new general」的catalogue，新總表簡稱。德雷爾隨後又追加了1529個星雲製成index catalog(IC)，索引星表」。

## 星系的中心有什麼？

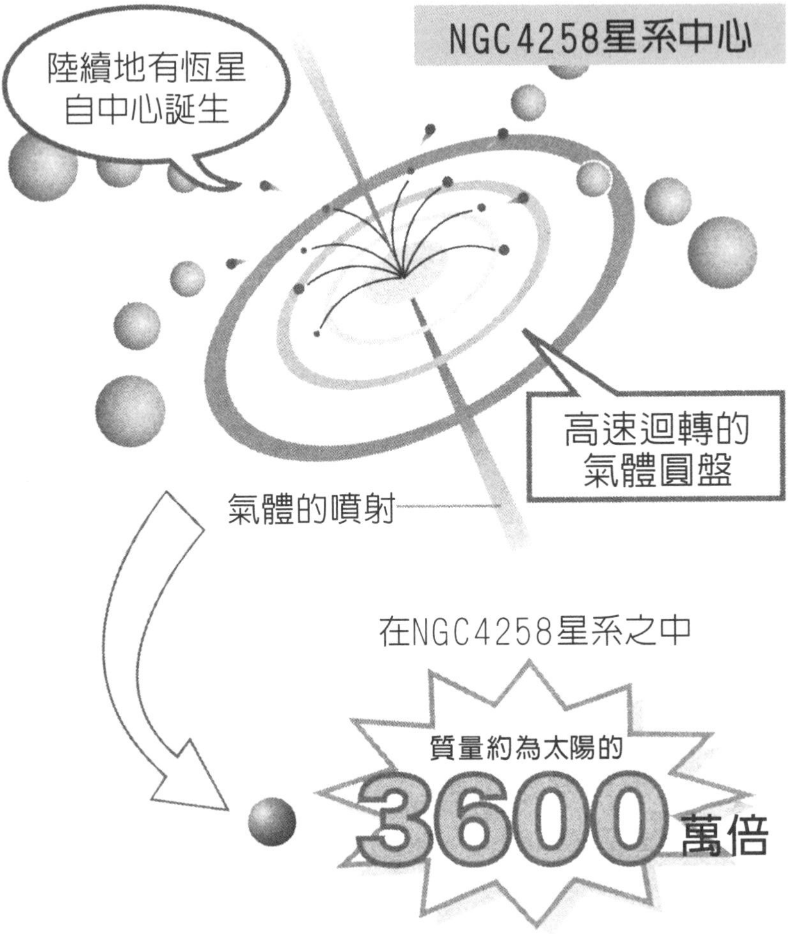

NGC4258星系中心
陸續地有恆星
自中心誕生
高速迴轉的
氣體圓盤
氣體的噴射
在NGC4258星系之中
質量約為太陽的
3600萬倍

能擁有如此質量的天體，大概就只有黑洞了

我們的銀河系中心也存在黑洞嗎？

# 2 閃爍於遠方的星雲—河外星系們的戶口名簿

## ★M78星雲的「M」是做成星雲目錄的天文學家名字的首寫字母

### ◆鹹蛋超人的故鄉也是遙遠銀河的其中之一

銀河是恆星集結而成的事實，在18世紀末由英國的天文學家＊**赫歇耳**（Herschel, SirWilliam）首度證實。直到20世紀，仙女座大星雲等位於銀河系之外的事才獲得確認，而人們也才開始思考銀河或許也屬於同樣的形態。

仙女座大星雲是在北半球唯一可以用肉眼看得到的星系，也是離地球最近的星系。望遠鏡中所看到的仙女座大星雲，是一個在中心四周圍繞著如同發亮的雲層般的恆星集團。**「星雲」**這個字眼，便是由此而來。

在宇宙之中，像這樣的星雲和星團不在少數，不單有螺旋圓盤狀，還有狀似薔薇花朵的**薔薇星雲**，以及如同毒蜘蛛般叫人毛骨聳然的**蜘蛛星雲**等各種類型。

每個星雲都各自擁有M42或是M45的名稱。M取的是法國天文學家＊**梅西葉**（Messier）的頭一個字母。他發現了許多發著白光的雲霧狀天體，並將其編製成**梅西葉星表**。M之後的數字則是其在星表中的編號。

雖然是說著玩的，但被指定爲鹹蛋超人的故鄉的M78星雲，在望遠鏡的觀察下可眞的是在獵戶座的三顆星的東邊散發著三角形狀的淡青色白光喔。

＊赫歇耳（Herschel, Sir William）
1738～1822。本是位風琴演奏家，卻因作曲所需而學習數學，並就此成為一位天文學家。同時，他還製造出當時最大的反射望遠鏡，自1781年開始陸續發現了天王星等天體。

＊梅西葉（Messier, Charles）
1730～1817。同是發現哈雷彗星卻因慢了一天而坐失發現者的榮譽寶座的他，終其一生心力全都用在觀測上，因而獲得「彗星看守者」的別稱。星雲表正是其副產品。

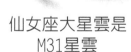

## 星雲也有各式各樣的類型

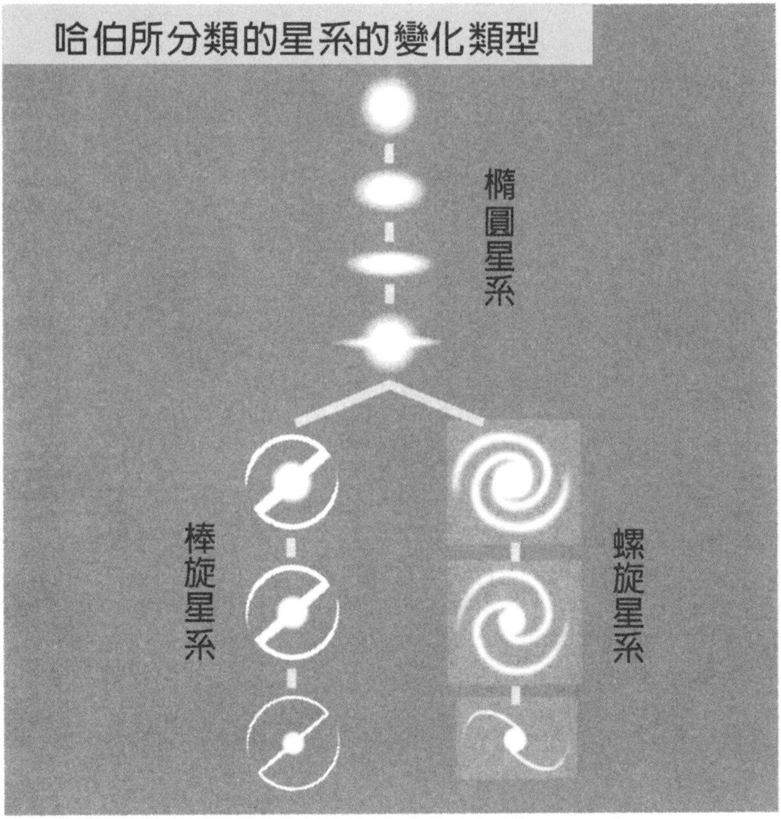

仙女座大星雲是
M31星雲

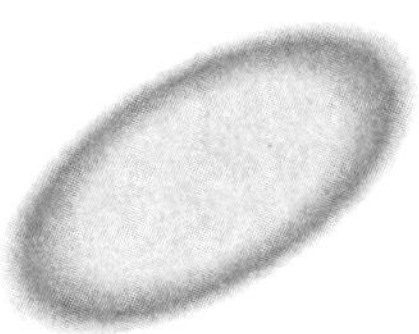

鹹蛋超人的故鄉是
M78星雲

梅西葉星表中的是M開頭的星雲。其他還有NGC和IC的星表

# 3 銀河系中也有3種類型的星雲

## ★獵戶座中的「馬頭星雲」其實是孕育星蛋的星際物質！

### ◆遮蓋住周遭星球的黑暗星雲

在**星雲**之中，除了像仙女大星雲這種河外星系外，還有行星狀星雲、彌漫星雲和暗星雲等存在於銀河系之中。在1920年代以前，銀河系是宇宙之中唯一的恆星集團，後來才知道的河外星系在當時也被認為是存在於銀河系中的。因此，無論是銀河系內的星雲或是河外星系都一律稱為「星雲」。

所謂的＊**行星狀星雲**，就是恆星所放出的光芒宛如追隨著行星一樣，使周邊的星際氣體都散發出光輝者。至於**彌漫星雲**，是氣體或宇宙塵埃等星際物質因接收了附近的＊**疏散星團**的光而得以突顯出來的。而**暗星雲**則是星際氣體和塵埃因彼此間的引力而產生收縮，進而將背後的光給遮掩起來的星雲。

雖然只能在天文照片上看到，但在獵戶座的＊**馬頭星雲**上，我們可以清楚地見到在明亮的彌漫星雲的背景下，呈現馬頭形狀的暗星雲的樣子。以前是個規模更大的暗星雲，但因在約100萬年前從中誕生了新的星球，因此損失掉一部份的能量而變成現在的模樣。如今也只剩中心部份還勉勉強強地維持著馬頭的樣子。

＊行星狀星雲
恆星一到老年期便會呈現不安定的狀態，又是膨脹又是收縮的，並且大量地釋放出外層的氣體。因為看起來圓圓的像是行星，故稱之為行星狀星雲。

＊疏散星團
——參照次頁

＊馬頭星雲
位於獵戶座的三顆星之下的獵戶座大星雲（M42）之中。

## 暗星雲的代表是獵戶座大星雲的馬頭星雲

行星狀星雲
(天琴座環狀星雲)
彌漫星雲
(獵戶座大星雲)
其實並不是
這種樣子的
金牛座的蟹狀星雲
(M1)超新星殘骸
星雲是為我們展現星球的誕生與結束的舞台！
新星
馬頭星雲是因新星的誕生而被放出的周邊的
暗星雲集結而成的

# 4 銀河系的珠寶盒──「星團」是恆星們的群像

★昴宿星團(Pleiades)是年輕恆星們的疏散星團，球狀星團則是銀河系的長老！

◆肉眼所見只有7顆星的昴宿星團在雙筒望遠鏡的觀察下則是個130顆星的大集團！

在星系和星雲中，都會出現幾個星球彼此間互相聚集而形成集團的現象。這就是所謂的星團。星團可分為在銀河的漩渦內部由數十個到數百個的星球形成集團的**疏散星團**(銀河星團)，以及遠離銀河做球狀分佈的***球狀星團**。

球狀星團都是些年齡達一百數十億年的古老天體，而疏散星團則是一些數百萬年到數億年左右的年輕恆星的集團。

疏散星團的代表，首推在古代就以**「昴」**的稱號為衆人熟知的**普勒阿得七姊妹星團**(**M**45)了。

普勒阿得七姊妹是希臘神話中的獵人奧利安在森林中所遇見的7位少女的名字。在冬季夜空中的金牛座的肩頭附近，用肉眼就可以發現有發著淡青色白光的**6**、**7**顆星星聚在一起閃爍著。使用倍率比望遠鏡低的***雙筒望遠鏡**觀察的話，可以看到約有130顆星星聚在一起發著亮光，就如同是個珠寶盒一樣。

在天文照片上可以見到其外圍包著一層淡藍色的發光雲氣，此乃在星球誕生時殘餘的氣體和塵埃未被散放出去之故。由此可知，昴宿星團的年齡應該還是相當年輕的**1**億年以內。

＊球狀星團
緊貼著銀河外圍，有星球散佈的球狀空間稱之為「銀暈(halo)」。球狀星團便是在銀暈中發現的，和擁有約150億年歷史的宇宙是差不多歲數的古老。

＊雙筒望遠鏡
使用過高倍率的天文望遠鏡觀察，有時只會見到四散分離的星體而大失所望，因此雙筒望遠鏡的運用反倒可以享受到觀賞昴宿星團整體的樂趣。

## 昂宿星團的 7 位少女芳齡 1 億歲

疏散星團年齡尚輕 → 等到年紀一大
螺旋便會越來越清晰

昂宿星團已有 1 億歲

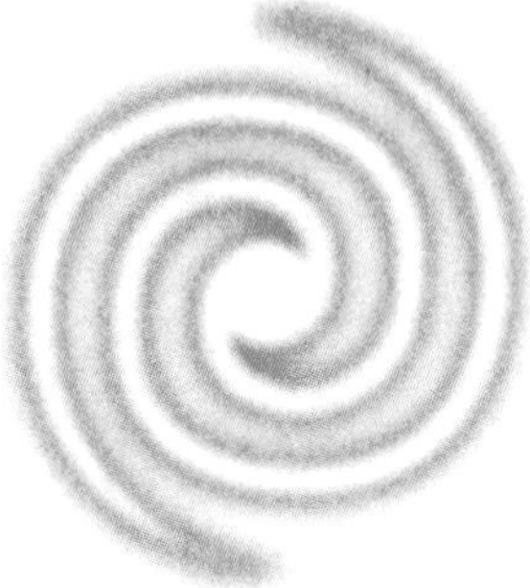

螺旋星系
約有140億歲

球狀星團
是由1萬～10萬顆恆星
緊密聚結而成的

年齡有140億歲了！

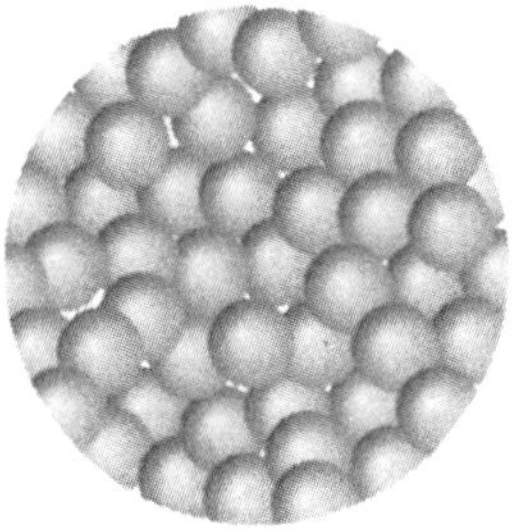

銀河系外層
被稱為銀暈的
球狀空間中
散佈著許多球狀星團

## 5 耀眼的星座主角是1等星！

### ★夜空中最亮眼的恆星—天狼星(Sirius)是負1.5等星

**◆擁有太陽的26倍亮度的天狼星**

恆星是藉燃燒內部原子所生的能量而發光的。但是，爲什麼亮度會有差別呢？

冬季星座中最爲人熟知的獵戶座的三顆星，若是將其加以連結後往左下方延伸的話，便會到達**大犬座的天狼星**。天狼星可說是除去太陽以外，全天空最明亮的一顆恆星了，即使在接近地平線時仍然是閃爍耀眼的喔。這或許是因爲其僅有8.6光年的近距離，但天狼星本身所散發的強烈光芒也是主因之一。

天狼星的直徑是略少於太陽的**2**倍的270萬公里左右。表面溫度約有**1**萬度，中心附近則高達**2000**萬度，比起太陽可是高多了。它的質量有太陽的2.5倍上下，因此它的＊**光度**大約是太陽的26倍，正猛烈地在消耗著燃料。

從澔瀚宇宙的觀點來看，天狼星既然擁有比我們眼前的太陽更爲耀眼的亮度，那麼它在夜空中當然也可以是最顯眼的了。

如此一來，我們可以瞭解到一顆恆星的亮度是受到和地球間的距離、該星球的溫度和質量的大小所影響的。

＊大犬座
北半球的冬季星座。天狼星、獵戶座的巨人之肩「參宿四」和大犬座的「南河三」所連結成的形狀稱之為「冬季大三角」。

＊光度
星球的明亮程度除了有視星等之分外，還有一種表示真正發亮程度的絕對星等。

## 表示星球亮度的星等

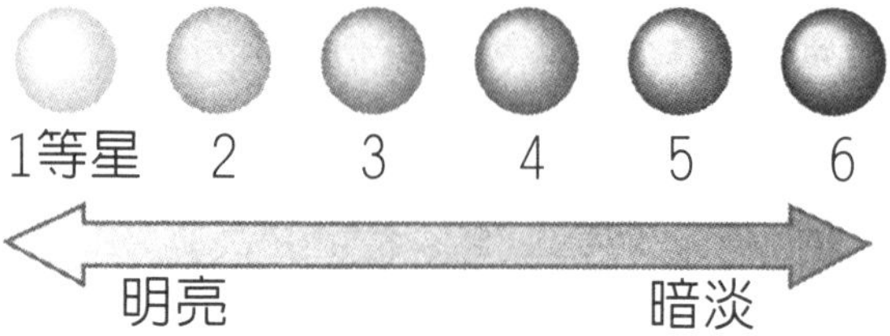

因赫歇耳的發現而決定了更正確的星等

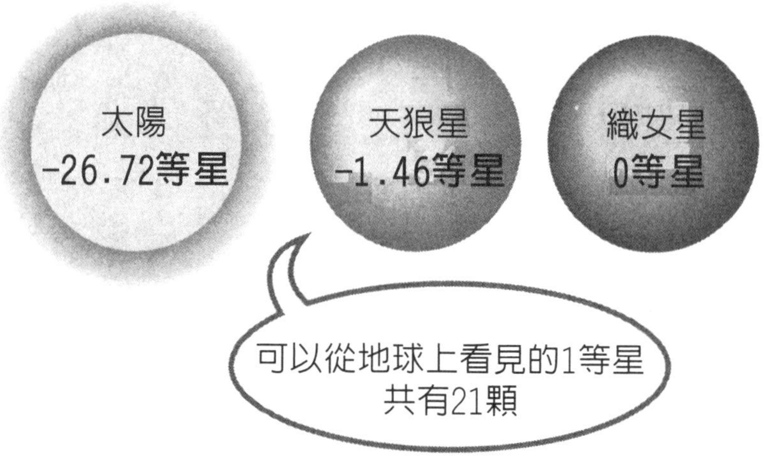


等級分有視星等和絕對星等
（表觀的明亮度）（本來的明亮度）

## ◆恆星的亮度等級應如何推測？

但是，可能會有一些遠比天狼星更爲明亮耀眼，卻因離地球太遠而顯得暗淡無光的恆星存在，因此就有實際光度和視星等之分。

關於恆星的視亮度，最早是由希臘的天文學家依巴谷（Hipparchus）將肉眼可見的恆星依其亮度分爲6等，從最亮的1等星依序排到最暗淡的6等星。然而，到了有望遠鏡的17世紀，更暗淡的恆星也可利用儀器看到，亮度等級的修正工作於是開始著手進行。

英國天文學家的＊**約翰・赫歇耳**因爲察覺到1等星的平均亮度約是6等星的100倍的現象，後以此訂定出更正確的星等。

結果，比先前的1等星更爲明亮的星球，便以負1等星、負2等星的形態加以表示。

## ◆在日本可以見到的1等星最多有20顆

根據這樣的星等區分，天狼星就成了負1.5等的恆星了。至於其他的恆星，如天琴座的織女星屬於0等星，最明亮的行星——金星可達負4.4等星，而太陽大概算是負26等星吧。只不過，在繁星遍佈的夜空之下，通常都把包括比1等星更明亮的0等星或負1等星在內的恆星統稱爲1等星。

從地球上可以看到的1等星數目有21顆。而位於北半球的日本所能見到的1等星數目，則大約是15～20顆！

＊約翰・赫歇耳
1792～1871。威廉・赫歇耳的兒子，和父親一樣終身從事觀測研究的工作，從不間斷。此外，他還因發現照片的定影液海波（硫代硫酸鈉的俗稱）而聞名。

## 恆星亮度為什麼會有所差別呢？

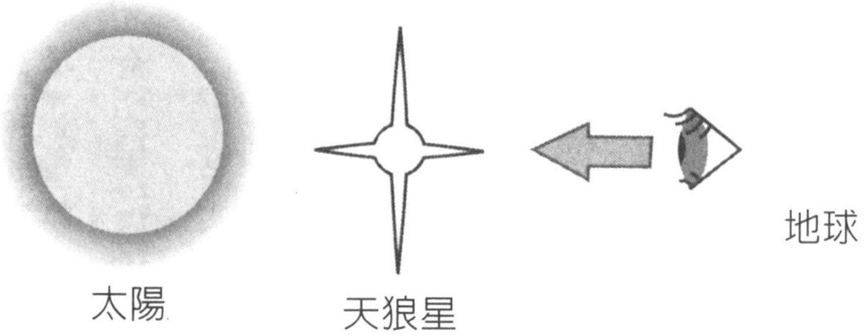
地球
太陽
天狼星

即使比天狼星更明亮，仍會因距離太遠而看起來較為暗淡

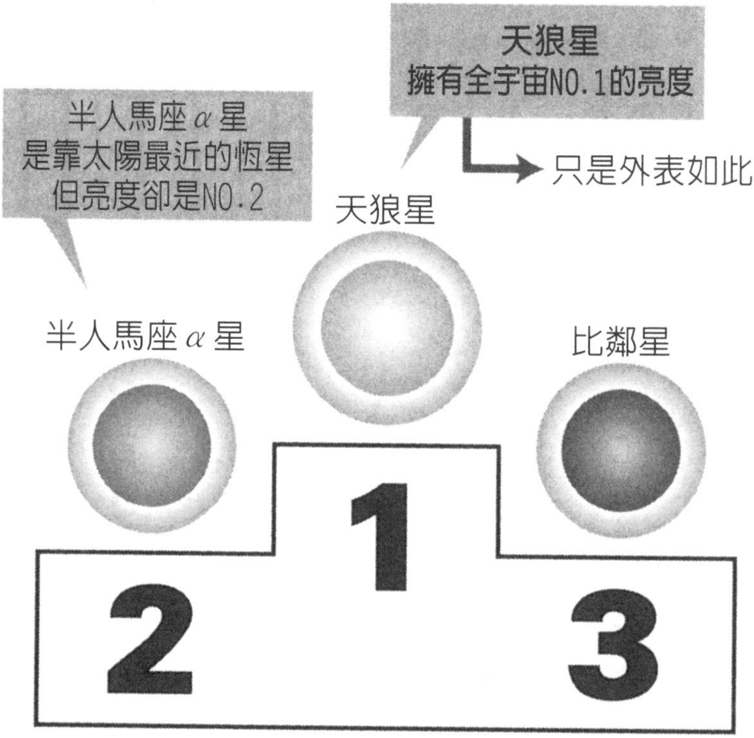
天狼星
擁有全宇宙NO.1的亮度
只是外表如此
半人馬座α星
是靠太陽最近的恆星
但亮度卻是NO.2
天狼星
半人馬座α星
比鄰星
1
2
3

# 6 天狼星有白矮星的夥伴同在！

## ★在恆星中甚至可以發現有雙胞胎到六胞胎不等的「聯星」

電影『星際大戰』中有一幕是天行者路克望著逐漸西沉的2顆太陽陷入沉思的鏡頭。就像那兩顆太陽一樣，2顆因引力而互相牽制，彼此互繞的恆星稱之爲**聯星**。

### ◆因引力關係或成雙胞胎，或單一方成為伴星……

聯星在宇宙裏並不是件值得大驚小怪的事。至今已發現有數千組，其中不乏三合星、四合星和六合星。一次有六胞胎還眞是熱鬧極了呢。

經由聯星的調查，我們也因而解答了不少的問題。聯星會繞著彼此轉乃是因爲引力的作用，而由回轉的軌道還可以計算出星球的質量。

倘若單邊的質量較大、較明亮，相較之下較暗淡的那顆星球便會在其周圍如同衛星般地環繞著。此種情形在**雙星**中，前者稱爲**主星**，後者則叫做**伴星**。如天狼星有一顆叫*****天狼B**的伴星，由其質量可以推算得知天狼星的質量是太陽的 2.14倍，而天狼B則是1.06倍。

天狼B是一顆在1925年首次被認定爲*****白矮星**的恆星，質量和太陽不相上下，大小卻是地球的2倍左右。而且，它還是一顆擁有每1立方公分1噸的高密度恆星。

＊天狼B
有研究報告揭露，在非洲的德孔族的神話中竟流傳有顯示天狼星和天狼B的軌道的圖形，此舉立即引發學術界的議論紛紛。但是，一般認為，這是融合了傳教士的說詞再加入現代知識所創造出來的。

＊白矮星
——參照72頁

## 聯星彼此間互相牽制

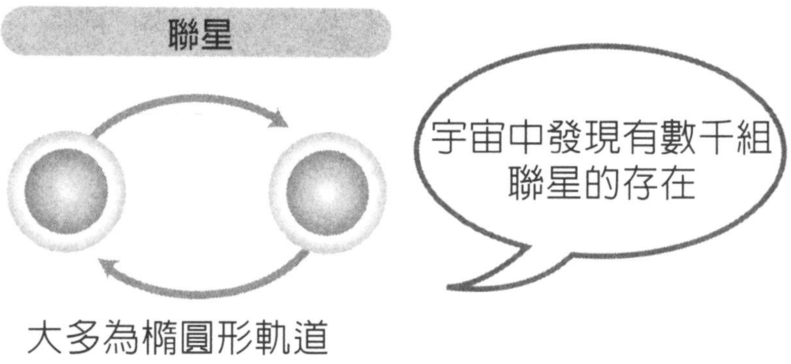
聯星
宇宙中發現有數千組
聯星的存在
大多為橢圓形軌道

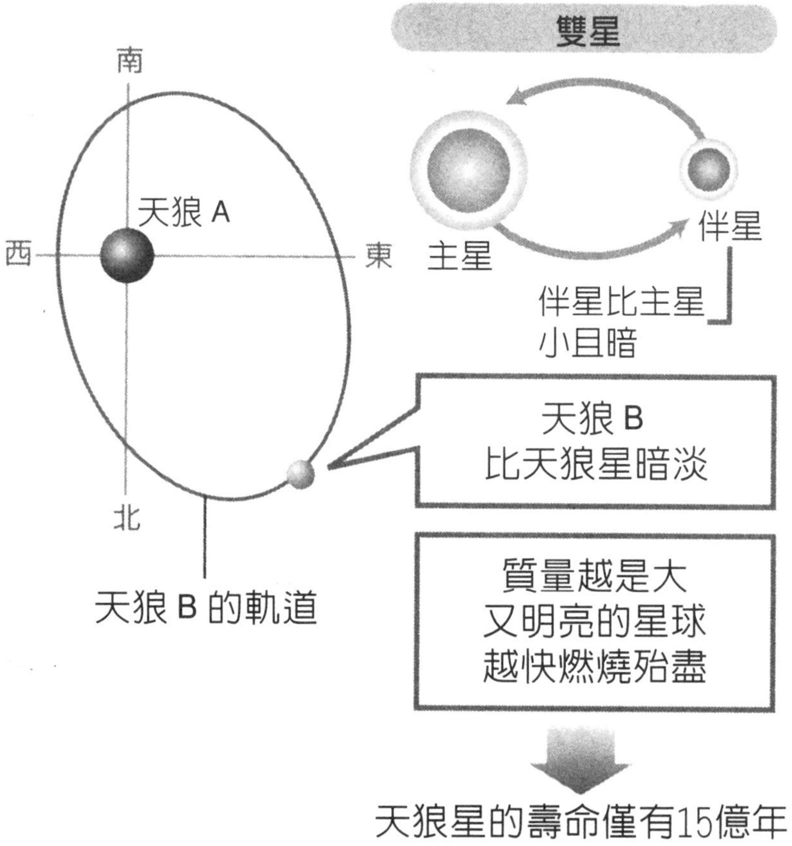
雙星
南
西
東
北
天狼 A
天狼 B 的軌道
主星
伴星
伴星比主星
小且暗
天狼 B
比天狼星暗淡
質量越是大
又明亮的星球
越快燃燒殆盡
天狼星的壽命僅有15億年

# 7 捕捉現在進行式的超新星爆發！

## ★在大麥哲倫雲中觀測到克卜勒(Kepler)之後僅見的天文秀

### ◆在鏡頭的那一端反覆展開的是16萬年前的一大壯觀景象

1987年2月24日，任職於智利的*拉斯．坎帕納斯天文台的伊安．謝爾頓有了空前的大發現。在只能在南半球看到的河外星系「大麥哲倫雲」中，發現了一顆發出前夜的數百倍亮度的閃耀星球。當其爲***超新星爆發**的現象確認後，世界中的天文學家全部一致將望遠鏡的鏡頭調向這個「超級巨星」。

所謂的超新星，是因爲之前都未曾發現卻突然像顆新星地綻放著光芒，故添加上一個「新」字，其實並非新誕生的星球，而是一顆發生大爆炸死亡的星球。但是，以前的觀測例子可說是少之又少，除了1572年丹麥的***第谷**在仙后座附近所發現的，以及1604年***克卜勒**在蛇夫座所發現的之外，完全沒有任何報告。

因此，謝爾頓的超新星發現可說是383年來的難得一見的大事件呢！

超新星的出現，在一個星系據說平均100年到數百年才偶爾會有一次。但是，因爲大麥哲倫雲的超新星遠在離地球約16萬光年的那一頭，所以大爆炸的發生應已是16萬年前的老故事了。

*超新星爆發 ——參照72、112頁

*拉斯．坎帕納斯天文台 由卡內基財團出資所建立的，擁有極先進的100英吋反射望遠鏡，但謝爾頓卻是使用誰都不再使用的舊式望遠鏡做趣味性觀測時發現超新星的。

*克卜勒 ——參照170頁

## 超新星是恆星的臨終期

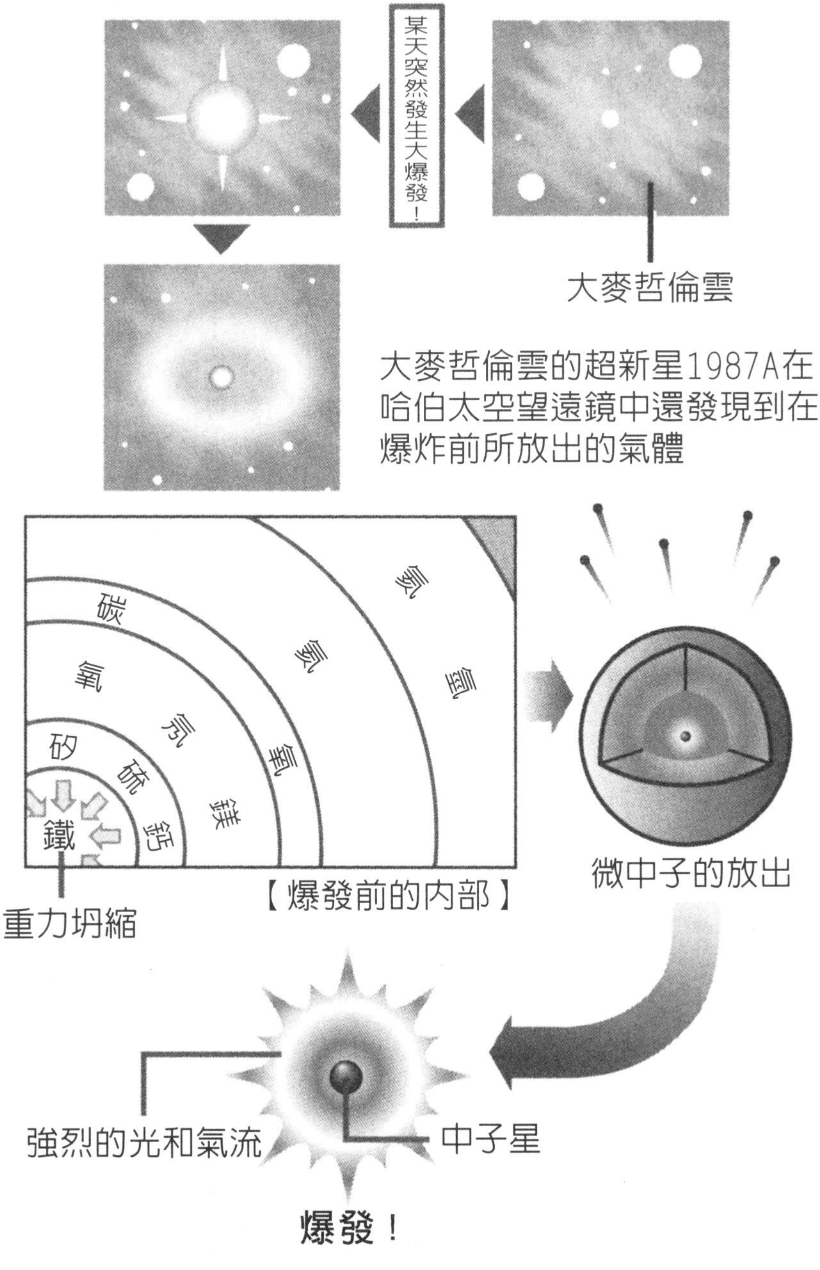
某天突然發生大爆發！
大麥哲倫雲
大麥哲倫雲的超新星1987A在哈伯太空望遠鏡中還發現到在爆炸前所放出的氣體
氦
氫
碳
氦
氧
氖
氧
矽
硫
鎂
鈣
鐵
重力坍縮
【爆發前的內部】
微中子的放出
強烈的光和氣流
中子星
爆發！

# 8 太陽果真是了不起！

## ★巨大核融合爐—太陽中發出的電漿(plasma)所呈現的極光演出

### ◆太陽注入地球的能量僅佔全體的20億分之1

**太陽**大約誕生於50億年前。暗黑的漂浮於星際的氣體和塵埃集聚形成原太陽開始發出光芒的那一刻，我們的地球、火星和金星等行星也開始吸收星際氣體和塵埃，終於形成像現在這樣的太陽系。

不過，賜給我們地球孕育萬物能量的太陽，若是因在意自己的存活而接受健康檢查的話，又會產生怎樣的結果來呢？

首先，讓我們先來爲太陽做個全身檢查吧！

半徑約70萬公里是地球的109倍左右。重量$2 \times 10^{19}$億噸約爲地球的33萬倍。平均密度是每1立方公分1.4公克，中心部則達每1立方公分160公克的高密度。表面溫度有5800度，中心部位的溫度約1550萬度、壓力約2000億大氣壓，這是足以引發核融合的高溫和高壓狀態。***太陽的自轉週期**在赤道附近是27天，兩極區則是30天。

這些數據在爲數不少的恆星中也算是中間的、標準的規模，沒有什麼特別值得注意的地方。但是，對地球而言卻是最無以替換的珍貴能量的來源，因此，人類還

*太陽的自轉週期
赤道之所以和南、北兩極不同的原因，乃在於表示太陽的表面是由氣體等流體所形成的事實。

## 太陽的中心正進行著核融合反應！

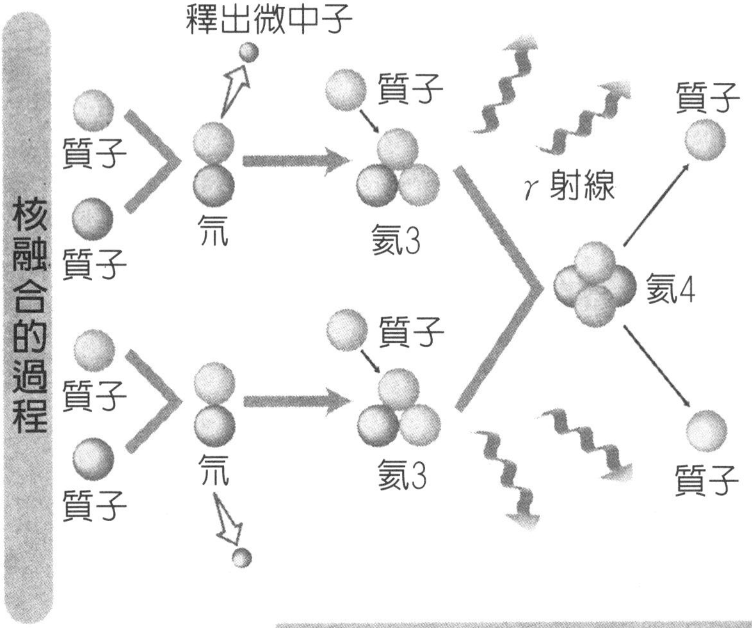


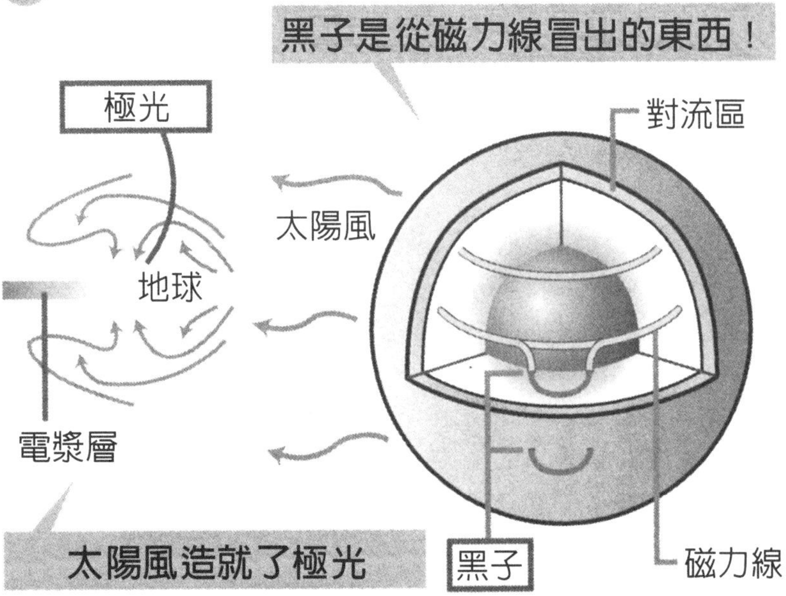

眞非得多多感謝太陽這樣的體力不可呢！

太陽所帶給地球的能量是100萬千瓦的發電所的2億倍這麼一個龐大數量，但卻只佔太陽整體所放出的能量的20億分之1罷了。

## ◆以秒速500公里飛奔而來的電漿太陽風

太陽，可以說是一座巨大的核融合爐。當氫原子核融合成***氦原子核**時，剩餘的能量便會轉成γ射線的電磁波，進而變成熱量，將中心部份維持在高熱的狀態下。太陽中心每秒有6億5000萬噸的氫經燃燒而變成氦，而根據計算，中心所產生的熱量要傳達到表面則要花上100萬年到200萬年的時間。

直達表面的能量製造出巨大的氣體旋渦，藉由複雜的對流運動而生出強力的磁場。而在這個磁場中有時集中所出現的如同人類青春痘或暗瘡之類的東西，這便是所謂的**黑子**或是一般稱爲**耀斑**的大爆炸。如此的**太陽表面活動**所帶給地球的影響，則是**磁暴**或夢幻的**極光**景象。

太陽表面一旦發生爆炸，大量的***電漿**便會被釋放出來。一般而言，帶電的微粒子也會流放出來，其速度高達秒速400～500公里，可稱得上是一股強風。這股太陽風會依著地球的磁場落入南、北二極，而形成我們所見的極光。

此外，太陽表面的活動大約是以11年爲一週期，時而活躍奔放，時而收斂沉靜，但其理由至今仍毫無頭緒可尋。

*氦(helium)
可以用來充灌汽球的氦，原意乃是「太陽(Helios)的元素」，是藉由太陽光的分析而首次被發現的元素。

*電漿
在100萬度的環境下，原子會電離，為電子和正離子。這種部分或完全電離，宏觀上呈電中性的氣體稱為「電漿」。電漿或游走於空間中，或生成磁場，但在太陽表面的活動則受到這個太陽磁場的影響。此外，在日全蝕時所見到的鑽戒狀光圈(日冕)便是太陽上層的電漿。
——參照58頁

# 太陽風的影響

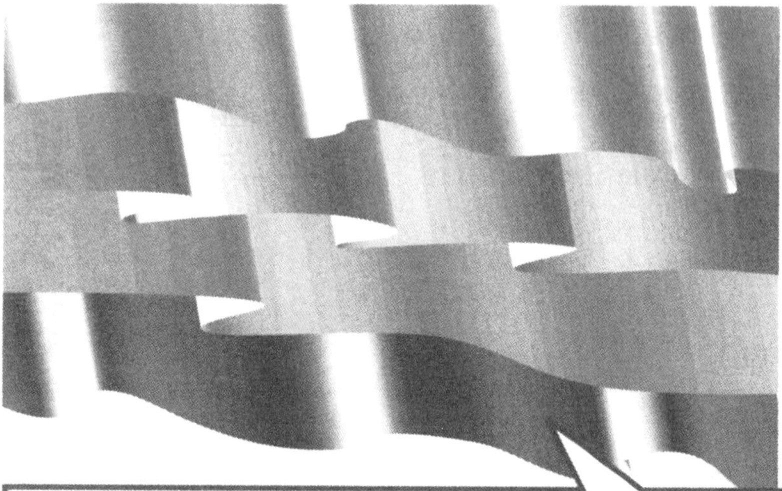

藉由太陽所釋放出的電漿
在地球引發了夢幻的極光景象

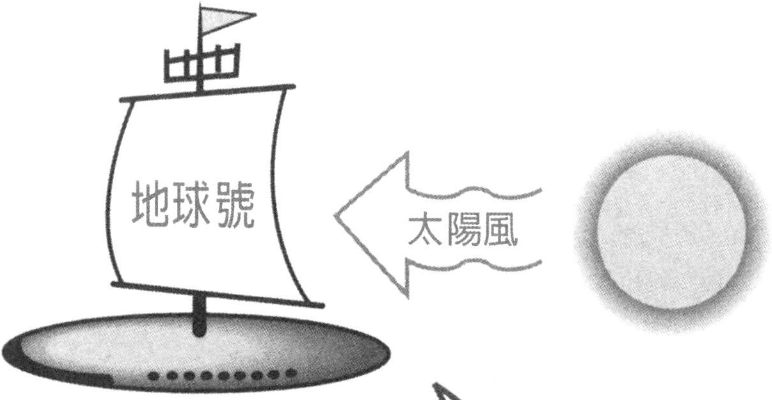


或許將來會開發出利用太陽風的遊艇也說不定？

# 9 月球是因巨大彗星的撞擊而飛出地球的!?

## ★月球的形成其實充滿了謎團

### ◆親子說、兄弟說、捕獲說、巨大撞擊(giant impact)說

對我們而言，最熟悉、最感到親切的莫過於地球的衛星——月球了。然而，究竟這個天體是如何生成的，其實至今仍是充滿著謎團。

到目前爲止，有地球冷卻凝固前所分裂而成的「親子說」、同時間誕生的「兄弟說」，以及來自其他場所而爲地球的重力所捕捉的「捕獲說」等種種說法被提出探討，但都無法舉出一個具決定性的說法。

近年來較受矚目的，則是所謂的**＊巨大撞擊**(giant impact)**說**。此乃指誕生不久的原始地球撞上了一個具有鐵核心的火星大小的天體，使得地函像甜筒裏面的冰淇淋一樣地飛噴出來，並進而成爲現在月球的前身的一種說法，至於撞擊在一起的鐵質天體則直接下陷而與地球的核心合而爲一。

只要調查過阿波羅11號等太空船所帶回來的月球岩石，便可得知月球大概誕生在46億年到44億年前(地球的誕生也是在46億年前)，和當時呈現黏糊糊狀態的地函組成成分十分相近。照此情形看來，似乎算是個頗具說服力的說法，但卻仍存在有幾個疑點，使得月球的起源依舊充滿著神秘。

＊巨大撞擊(giant impact)說
1984年，美國亞利桑那州大學的梅羅休教授和耶魯大學的科梅隆教授基於電腦模擬而提出的假說。然而，諸如和火星大小的天體產生衝撞的可能性，以及地函是否完全是一種黏糊糊的狀態等疑點還是被人提出。直接翻譯則是「巨大撞擊」原因說。

## 月球的起源為何？

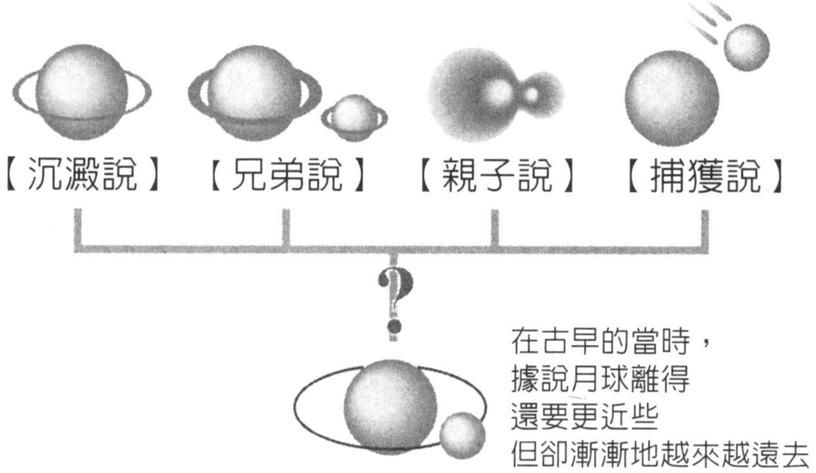
【沉澱說】
【兄弟說】
【親子說】
【捕獲說】
在古早的當時，
據說月球離得
還要更近些
但卻漸漸地越來越遠去

## 飛出的地函變成了月球？

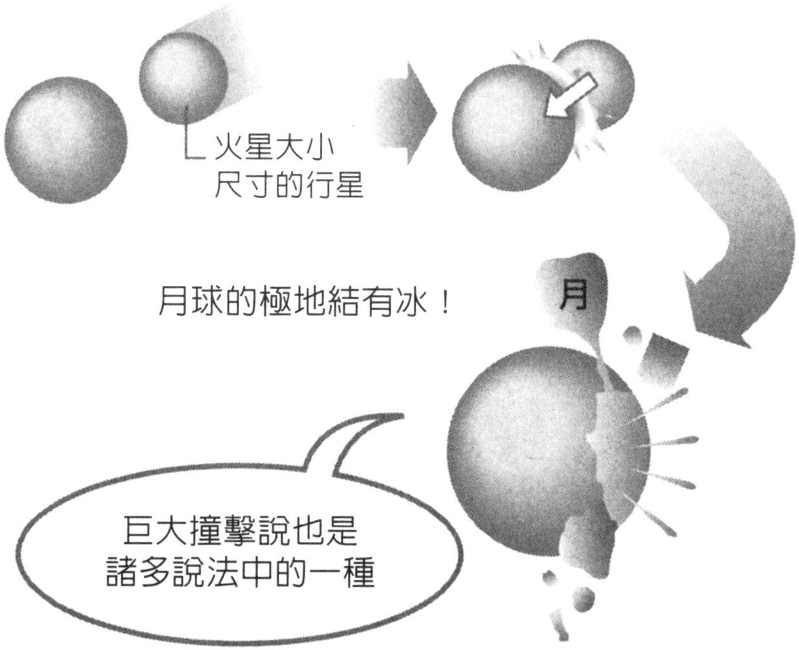
火星大小
尺寸的行星
月
月球的極地結有冰！
巨大撞擊說也是
諸多說法中的一種

# 10 太陽系的行星有派系之分！

## ★行星分爲「地球型」岩石行星和「木星型」巨大行星兩種

### ◆地球型行星的成份具有宇宙中僅有的0.1%的珍稀價値

太陽系的9個行星，由其組成成份和大小等，可分爲兩大類。

繞行於內側的水星、金星、地球和火星，主要是以氧、矽、鐵等重元素或金屬所構成的**地球型行星**（類地行星）。

太陽系的直徑若以最外側的行星——冥王星的軌道來計算則大約有100億公里，若以在其外側的彗星軌道來計算則更可達200億公里以上。然而，地球型行星的軌道卻僅有10億公里，在整個太陽系中，它們集中於正中央的4顆行星。

地球型行星，在太陽系之中可算是一種非常特殊的物體。

構成宇宙的物質之中，氫佔93.4%，氦則佔6.5%，而太陽和木星、土星的主要成份也是氫和氦。至於構成地球型行星的重元素和金屬，在宇宙全體中也不過只佔0.1%的比例。或許，這是在行星誕生之初，氫和氦被蒸發掉而只留下氧和金屬等元素吧！

前蘇聯的***行星探測船**金星9號、10號，終於在1975年首次成功地在金星上軟著陸。在耐著400度以上的高溫所送回的歷史的表面照片中，可以看得見凹凸不

*行星探測船——參照200頁

## 地球型行星是宇宙的少數菁英

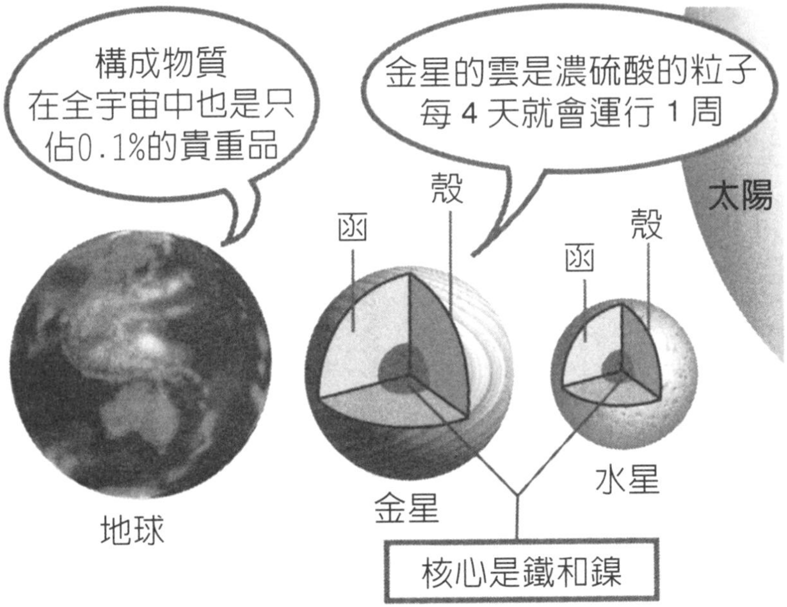


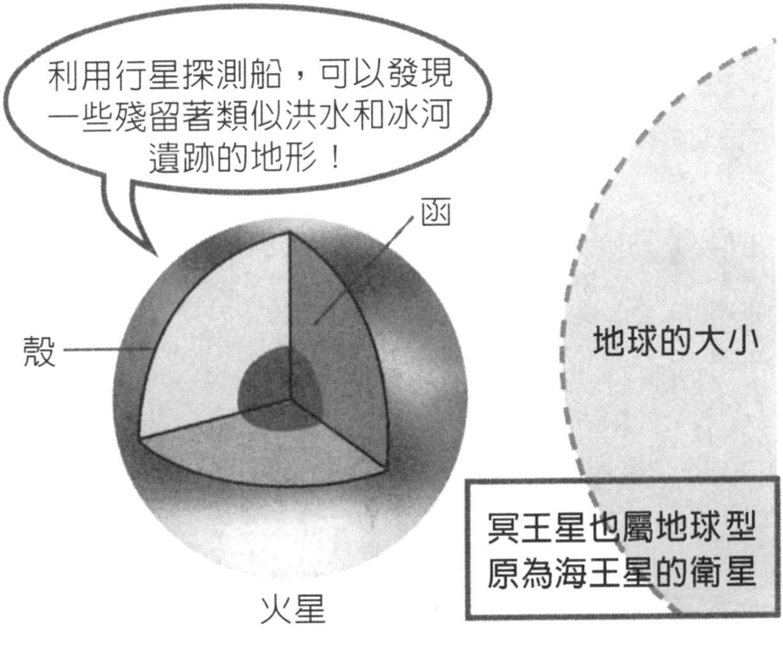

平的岩石表層，爲金星和地球同爲岩石行星的事實做了最佳的見證。

### ◆木星型是由氫和氦所構成的巨大行星

在地球型行星外側環繞的5個行星，除了*冥王星以外，全是一些像木星般的巨大行星，而且幾乎都是由氫、氦等元素所構成。這些就稱之爲**木星型行星**（類木行星）。

木星型行星的基本構造，首先有中央的鐵或岩石的核心，周邊則由液態氫和金屬氫構成的厚外層所包圍。最外圍的大氣層中，主要的成份是氫和氦，再加上少量的甲烷、氨。

例如，木星的平均密度是每1立方公分爲1.33公克。一看就知道是地球密度5.52公克立方公分的4分之1左右，除去中心核後所剩的幾乎全是些氫和氦等輕元素了。

### ◆最外側的是海王星？冥王星？

行星的軌道全呈橢圓形，但並非在同一平面，而是各自稍有偏差。其中尤以繞得最遠的冥王星的軌道面，和地球的軌道面相比之下，居然傾斜了高達有17.4度之多，且軌道的一部份還伸入海王星的軌道內側。

以前，我們所知道的太陽系行星的排列順序依序是「水金地火木土天海冥」，但因爲在1979年到99年間，冥王星進入了海王星的軌道內側，所以今後應該要改成「……冥海」了吧。（冥王星於1999年3月中旬後又位於海王星軌道之外—審註）

*冥王星
是直徑只有2000公里，比月球還小的一個天體，因此並不歸屬於木星型的巨大行星中。表面被甲烷和冰所覆蓋，也有人認為它在以前是大行星的衛星，但其起源至今仍是個謎。

## 木星型行星表面覆有一層厚重的雲層

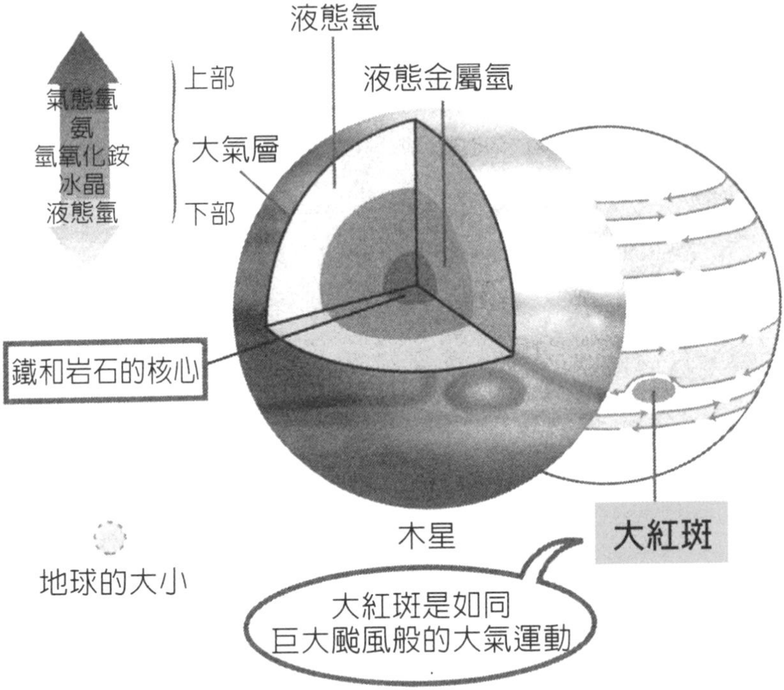


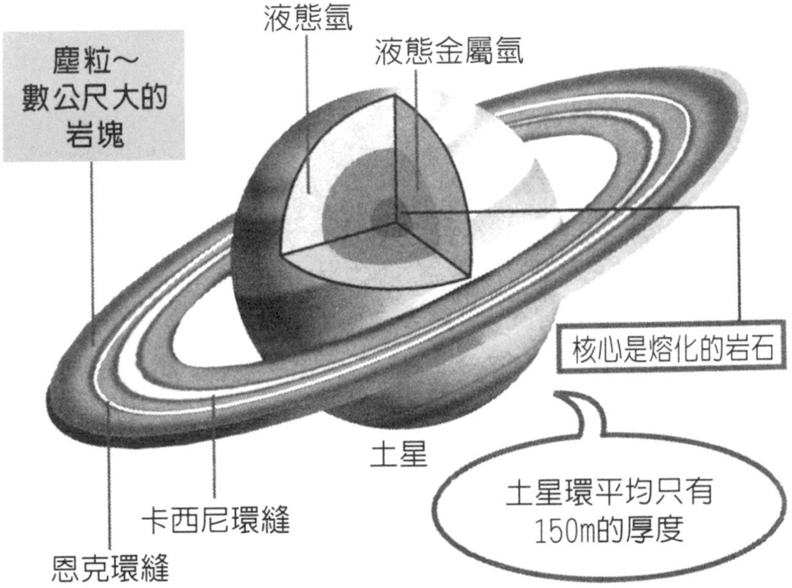

# 11 火星上可能存在生命體？

## ★NASA所發現的「像是微生物化石的物體」，結果仍然不明

### ◆掉落在南極的隕石中含有和火星的大氣相同的成份以及驚人的物質……

「若是太陽系中有生物的話，除了火星別無他處」這樣的想法由來已久。終於，到了最近，或許可以證明這種想法的東西出現了。

1996年，美國國家航空暨太空總署（NASA）的研究小組從以前採自南極的隕石當中，發現了可能是細菌化石的物體。

被命名爲＊ALH84001的這個隕石中，因爲含有和火星大氣一樣的成份而證實了其故鄉的所在。

問題核心的物體是在附著於隕石上的碳酸鹽顆粒中找到的。在電子顯微鏡下發現了蛋形和管狀物體，其形狀、大小和地球上所發現的＊**細菌化石**極爲類似。另外，從行星探測船上所拍攝到的火星照片中，隱約可以看見降霜的樣子，也證明了火星上有維持生命所不可或缺的水分。

但是，這並不代表完全證實了這個物體是生命體的化石。有反對的說法指出，細菌可能是隕石掉落地球時在地表所沾附上的。

不管如何，要證實火星上是否有生物，亦或是現在是否還存活著等疑問，人類直接前往火星才是最佳的一條捷徑吧！

＊ALH84001
重1.9公斤，如馬鈴薯般大小的隕石。據推算應是遠在1600萬年前，因為和別的天體間發生撞擊，火星表面的一部份飛出後漂浮在太空之中，而在1萬3000年前掉落到南極。

＊細菌化石
電子顯微鏡下所觀察的物體大小約為380奈米(nano meter)—奈米$=10^{-9}$米。

## 附著於隕石上的化石真相？

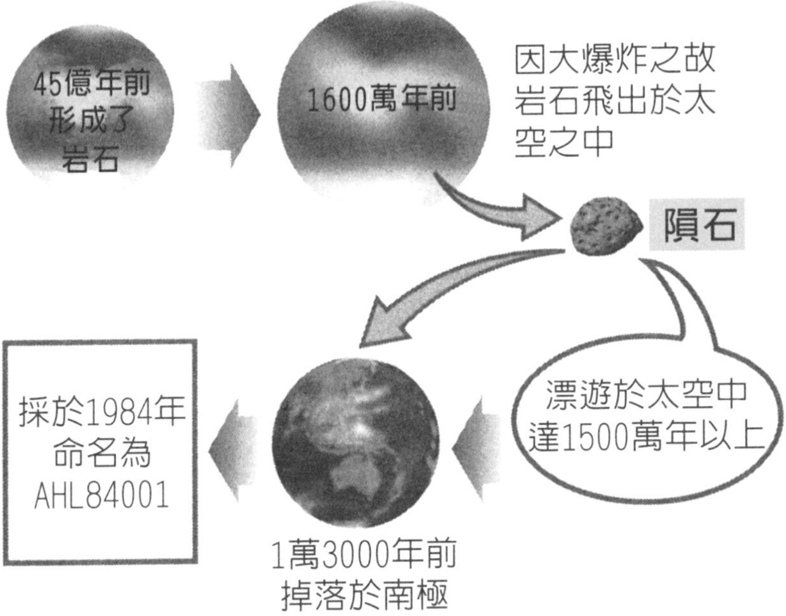

45億年前
形成了
岩石
1600萬年前
因大爆炸之故
岩石飛出於太
空之中
隕石
漂遊於太空中
達1500萬年以上
採於1984年
命名為
AHL84001
1萬3000年前
掉落於南極

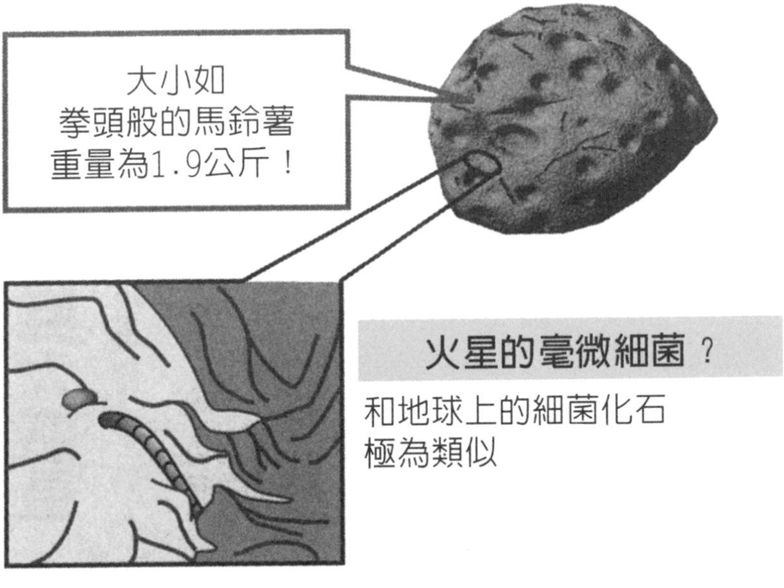

大小如
拳頭般的馬鈴薯
重量為1.9公斤！
火星的毫微細菌？
和地球上的細菌化石
極為類似

# 12 木星——成不了太陽的巨大行星

## ★「木星的颱風」大紅斑仍可持續1萬年!?

### ◆擁有16個衛星的「迷你太陽系」

**木星**是太陽系最大的行星。赤道半徑超過7萬公里，約爲地球的11倍。只要聽到其質量是地球的318倍，便可以感受它的巨大程度。

但是，其平均密度卻只有地球的4分之1左右，龐大的身軀反倒顯得裏頭空盪盪的，此乃因構成木星的物質多爲氫和氦等輕元素所致。這樣的組合和太陽極爲近似，再加上周邊的16個**衛星**，又號稱爲「迷你太陽系」。但是，質量若是達不到現在的80倍以上的話，還是無法發出如太陽般的燦爛光芒的。

說到木星，就不能不提其獨特的**大紅斑**。其溫度因爲比周圍低而看起來紅紅的，它就如同是地球上的颱風般的一種大氣運動的現象。說是颱風，規模卻是輕而易舉就能將3個地球涵蓋的大小，遠自300年以前便已觀測到，至今仍未消失的理由令人百思不解。

只不過，從巨大的颱風透過氣體的對流獲得充分的能量補給，而徘徊在赤道附近這一點看來，對流的平衡是維持在相當安定的狀態下的。

1994年7月，**＊休梅克—李維9號彗星**的撞擊造成了空前的話題。

＊（木星的）衛星
伊歐、歐羅巴、甘尼米德和卡利斯多是由伽利略發現的，又名為「伽利略衛星」。79年，航海家一號探測伊奧衛星時首次發現在地球以外的火山運動。

＊休梅克—李維9號彗星
由20個以上的核心成數珠狀排列串成的彗星連續不斷地撞擊木星的內側。撞擊的瞬間雖然無法捕捉到，但在大氣表面卻留存有如同地球般大小的撞擊痕跡可供確認。

## 木星的大紅斑是巨大的颱風？

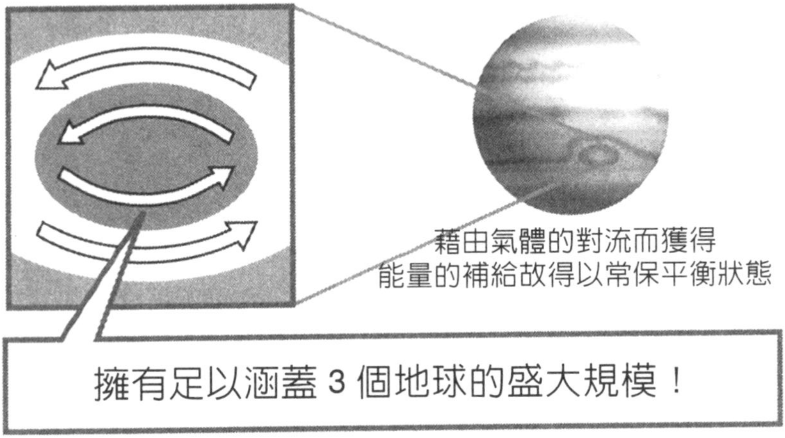


### 木星是個迷你太陽系！

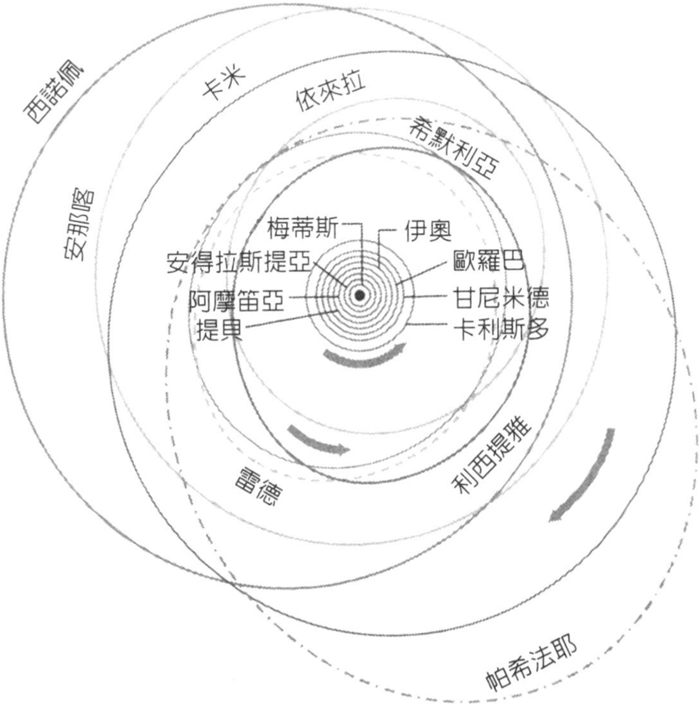

# 13 從側面無法看見的土星環！

## ★可浮於水上的太陽系領風騷者

### ◆土星環共有7環！

若要舉出太陽系最具魅力的行星，恐非**土星**莫屬了。美麗的環宛如一頂戴在頭上的漂亮帽子。首先發現這個環的人是伽利略。當時的望遠鏡性能還不是很好，在他看來就如同是個「長有耳朵的行星」。

土星的密度若以水爲1而言，則是0.69，要是飛奔入泳池的話，或許還會輕飄飄地浮起來也說不定呢。但是，整體的質量則約爲地球的95倍。

有名的土星環半徑長達30萬公里以上，藉由＊**航海家探測船**的觀測，目前7條環都已被確認。分別以A環、B環的方式命名，A環和B環間有＊**卡西尼環縫**，A環和F環間則有**恩克環縫**。

土星環是由冰粒和覆蓋著冰的岩石所構成的，其大小從砂粒到數公尺的都有。環的厚度極薄，平均是150公尺，最厚的地方甚至連500公尺都不到。因此，從側面看見的土星少了美麗的環，只是顆普通的圓形星球罷了。

這種現象大約每15年就會發生一次。即使在土星環傾斜時，若是太陽從側面照入的話，也會因反射變得非常微弱而看不見土星環。

＊航海家探測船
1977年發射成功的美國行星探測船航海家1號、2號於發現木星環之後轉向土星，在解明環的構造之謎後還發現了許多的衛星。

＊卡西尼環縫、恩克環縫
由法國天文學家卡西尼（1625～1712）在1676年。所發現的是卡西尼環縫，而由德國的恩克（1791～1865）所發現的則是恩克環縫。

## 土星密度比水還小

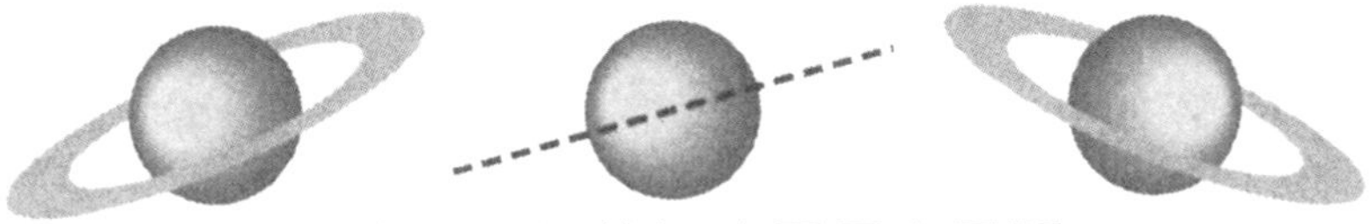

大約每15年就無法看見土星環
上次分別是在1995年的5月、8月、96年2月消失的

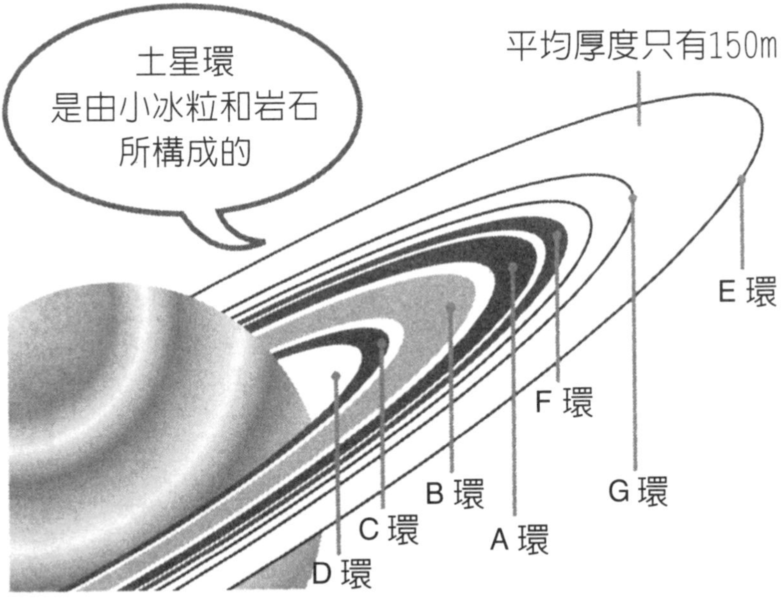

# 14 也擁有月球的小行星！

## ★星星王子的故鄉是只有住家大小的小行星

### ◆數萬個「馬鈴薯」中的迷途者

太陽系之中除了行星以外還有許多的夥伴。那就是不若行星般大，但也和地球一樣繞著太陽轉動的小型行星，又稱爲**小行星**。

在火星和木星的軌道間，便有無數的小行星呈現帶狀的分佈。自從在1801年最大的***穀神星**（直徑913公里）被發現以來，小行星又接二連三地被尋出，到了1997年爲止，軌道被確認的數量高達有7691個。至於那些軌道還不明確的小行星，據說也有數萬個之多。

幾乎全體的直徑都在200公里以下，清一色是如馬鈴薯般的扁癟造型，或許是大型星體和其他天體撞擊後所殘留下來的殘骸吧！

其他，還有在木星軌道上環繞的**特洛伊小行星群**，會週期性地進入到火星或地球內側的阿波羅，以及會和阿摩爾、阿多尼斯和伊卡若斯等彗星進行同樣行徑的獨特小行星。此外，直徑15公里的小行星***伊達**還被發現擁有一顆小月球。

因此，聖·艾修伯里的『星星王子』所出生的家般大小的星球，可能就是這些小行星中的一個吧！

＊穀神星
由義大利的天文學家皮亞基（Giuseppe Piazzi）所發現。以這個穀神星為1號起編，將知道軌道的小行星都加上編號。

＊伊達的月球
木星探測船伽利略號於11000公里外的距離將直徑1.5公里、繞著小行星伊達公轉的月球給拍攝下來了。

## 小行星群也是太陽系的夥伴

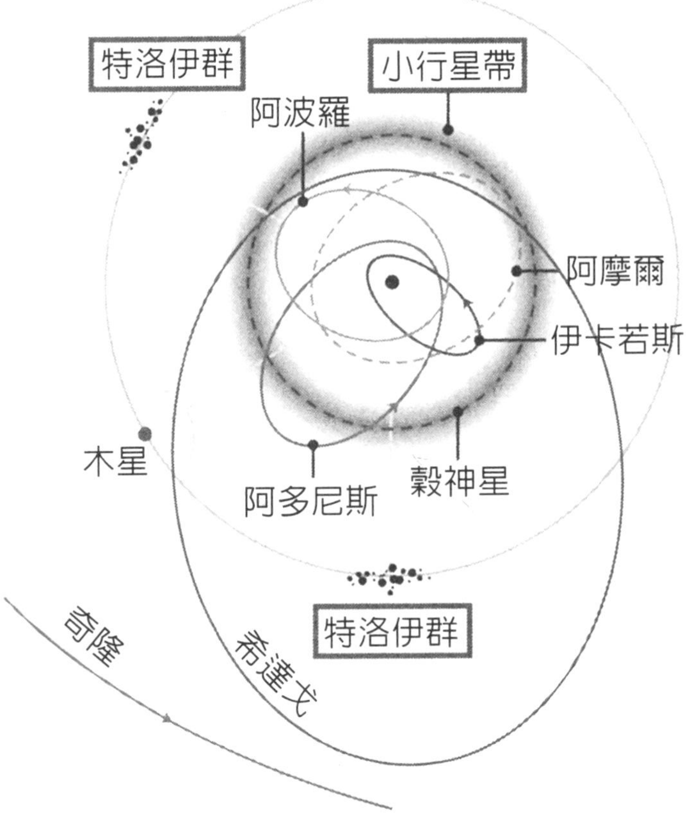


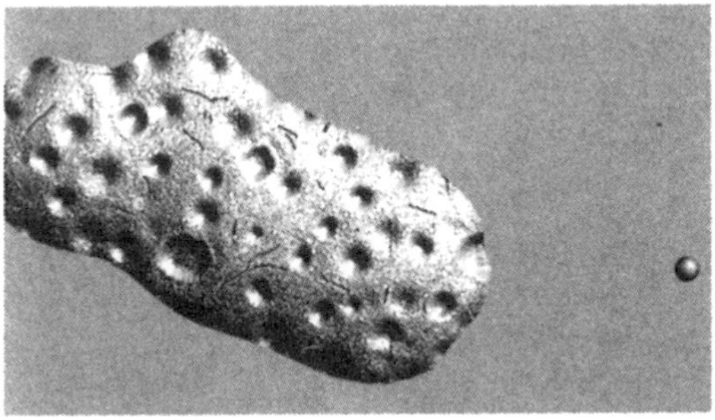

小行星伊達
(長52公里)
擁有顆直徑1.5
公里小月球

# 15 彗星是往返於窩巢和太陽的候鳥!?

## ★彗星來自離太陽老遠的「巢穴」

### ◆或許再也不會回來的哈雷彗星

每76年就「露臉」一次的＊**哈雷彗星**，在1986年完成向地球的拜訪後，又再度消失在宇宙遙遠的那一端。而就在這之後，一連2個月間都觀測到有猛烈的發光現象。有人便懷疑那現象可能就是哈雷彗星的核心分裂所產生的，若真是如此的話，下次再見哈雷時是會變得非常地小，亦或是根本就此消滅了呢？

說到這裏，不禁要讓我們產生一個疑問：這些彗星究竟是從何而來的呢？

### ◆「彗星之巢」是歐特彗星雲，亦或是柯伊伯帶？

到目前爲止的研究認爲，彗星在遠離太陽的某個地方有所謂的「巢穴」的存在，因爲某種不知名原因而受太陽引力所牽引，形成了繞著太陽轉的長橢圓形軌道。

而「巢穴」的候補者之一是＊**歐特彗星雲**，是在離太陽10萬天文單位的地方，由高達數百億個的彗星所構成的球狀體。但是，其存在至今尚未被確認。至於＊**柯伊伯帶**則位於比離太陽有44.4＊**天文單位**的海王星更遠的領域中，沿著黃道面做帶狀分佈，到現在已有大約40個天體在此被發現。

但是，其間仍有一些小天體帶被發現，彗星之巢這個謎至今仍在一團霧中。

＊哈雷彗星
哈雷彗星每76年來訪一次的周期是由格林威治天文台的艾德蒙・哈雷所發現。

＊歐特彗星雲
1950年，由荷蘭天文學家歐特（J.Oort）所提倡。

＊柯伊伯帶
1951年，由美國天文學家柯伊伯（G.P.Kuiper）所提倡。

＊天文單位
1個天文單位是太陽和地球的平均距離的1億4960萬公里。

## 彗星從何而來？

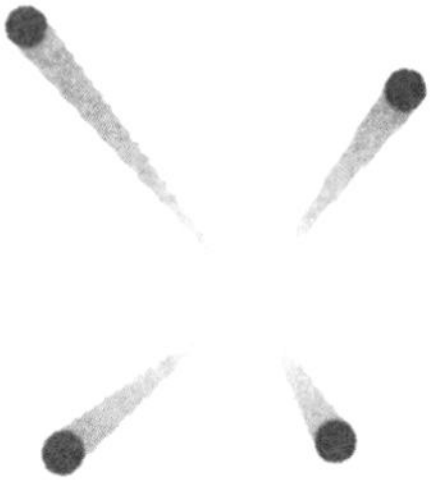

哈雷彗星的核
就此分裂？

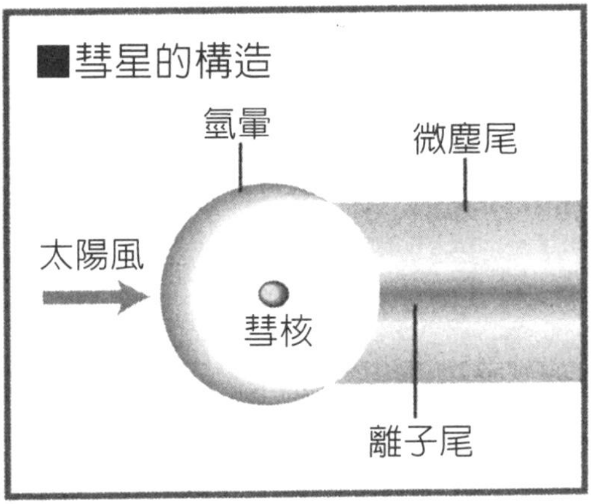


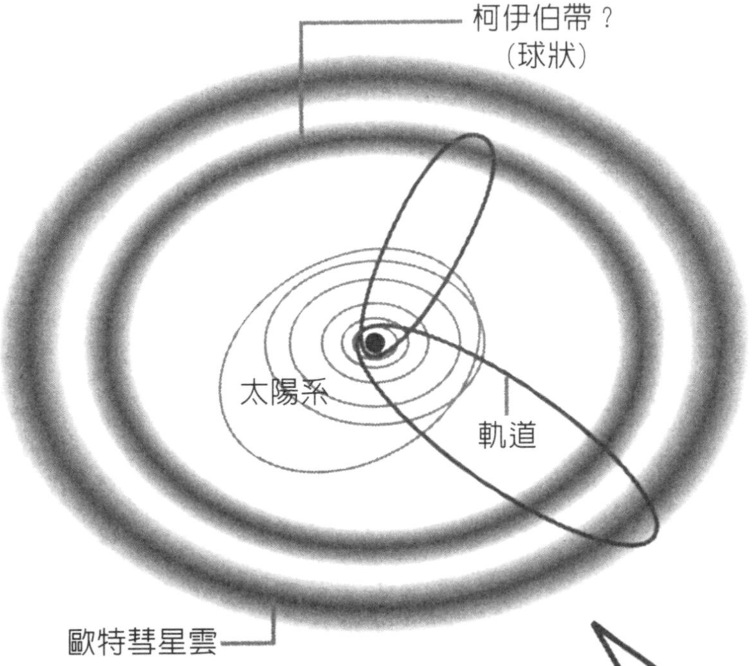


彗星巢穴在哪裏!?

# 16 巨大隕石造成恐龍的滅亡？

## ★爲我們訴說宇宙與地球運作過程的隕石們

### ◆隕石是「原始太陽系的化石」

在空氣清新的地方抬頭望著夜空，時常會有光咻地劃過夜色中。這就是我們常說的**流星**。當中還有一些未燒盡而掉落到地面的**隕石**，我們從這樣的宇宙生態中學習到各式各樣有趣的事。

隕石幾乎全是來自火星和木星間的那個小行星帶，而其中含有*球粒(chondrule)成份的佔最多數。球粒整體的組成和太陽相近，又稱爲「原始太陽系的化石」。

### ◆墨西哥灣是隕石坑!?

小隕石只是打壞屋頂後就可以沒事，但在地球長久的歷史裏，就曾掉落過相當巨大的隕石塊。因此，地球也和月球一樣，殘存有很多的*隕石坑。

此外，巨大隕石是恐龍滅亡的原因的學說也曾盛極一時。巨大隕石的撞擊下所揚起的灰塵足以形成相當厚重的雲層，從而遮蔽住太陽，使得氣候產生劇變，恐龍因而走向毀滅之途。據說，墨西哥灣便是那時的隕石坑，但並未受到古生物學家們的贊同。

*球粒成份
由稱為球粒(chondrule)的直徑數毫米的珠狀結晶，以及夾雜於其間的細粒所形成的成份。隕石依成份的不同，可以區分為以矽酸鹽為主體的石質隕石、鐵合金為主的鐵質隕石和混合二者的石鐵隕石三種。

*隕石坑
以位於美國亞利桑那州，直徑１２６０公尺，深１７５公尺的巴林貫隕石坑最為有名。像這樣的隕石坑，地球上至今已發現約有100個左右。

## 巨大隕石

30年後將有小行星（巨大隕石）
撞擊地球的可能性遭到指摘

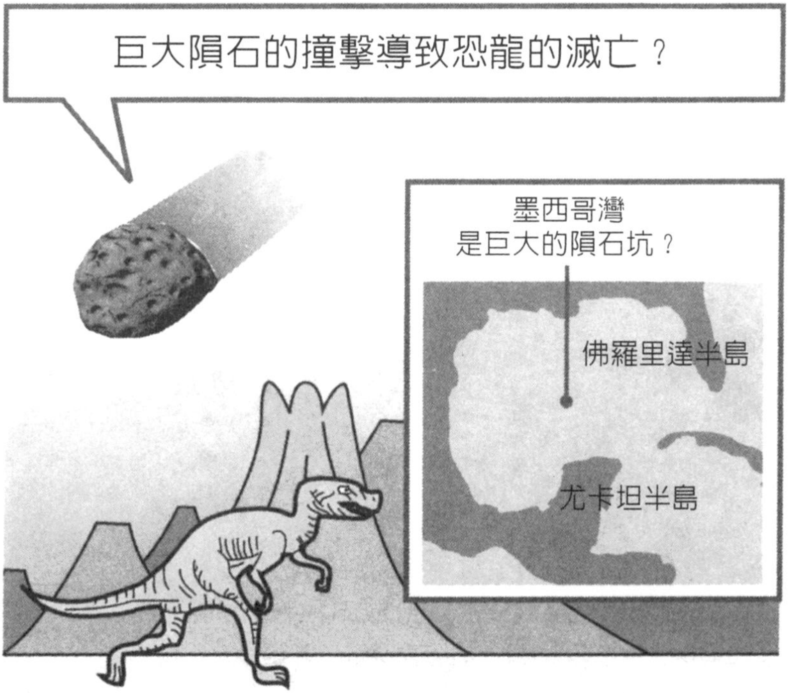
巨大隕石的撞擊導致恐龍的滅亡？
墨西哥灣
是巨大的隕石坑？
佛羅里達半島
尤卡坦半島

★充滿哲學啓示的古代文明宇宙論

★天動說都難以動搖的數理宇宙模型為何？

★「哥白尼的天體運行」所衍生出來的「地動說」

★伽利略所發現的是什麼？

★發現「萬有引力」的牛頓的宇宙

★何謂愛因斯坦的扭曲的宇宙？

★哈伯所觀測到的「遠離的星系」

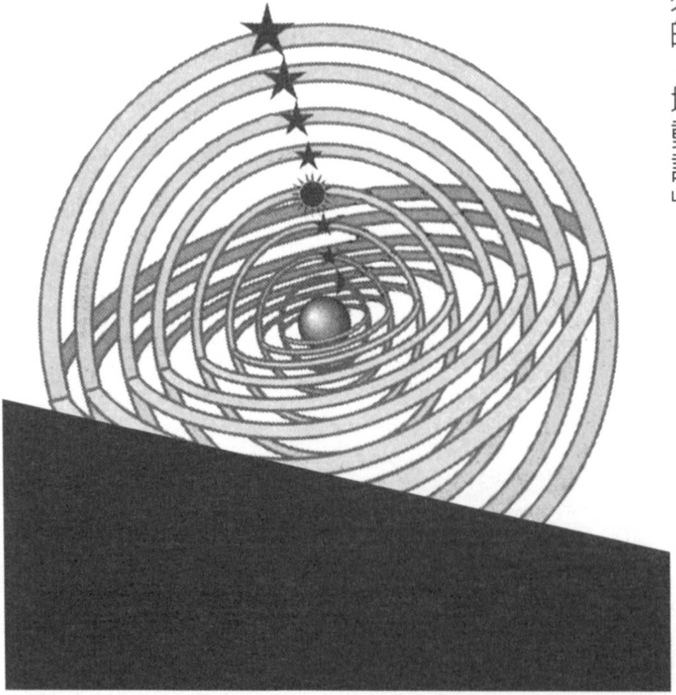

# PART ❹ 宇宙論、宇宙觀的歷史

以特出新穎的方式探尋古代宇宙觀到現代宇宙論間的演進流程

# 1 古代文明觀點下的宇宙構造

## ★先祖們充滿哲學啓示的宇宙觀

### ◆由先進的天文學和星座神話往回追溯至文明的發源

我們爲什麼會產生「想要瞭解*宇宙」的這種想法呢？在這裏頭，存有一些如「我爲什麼而存在」「是如何被生下來的」等基本又饒富哲學趣味的問題，而這些都可以說是連現代宇宙論都無法回答的根本之謎。

想必古代的人們也曾爲這些想法所苦吧！因此，他們才會藉由古代的遺跡或神話等，爲我們傳達著十分獨特的宇宙觀。

在美索不達米亞地方開拓最初文明的蘇美爾人，描繪出他們心中由天界、地上界和地下界所構成的宇宙(世界)。天界和地下界居住著衆神，地上界則呈平坦的圓盤狀，太陽自東邊昇起，通過天界往西下沉，趁著夜色通往地下界，然後再度從東方昇起。

這樣的文明，之後爲在同樣地方建立巴比倫帝國的迦勒底人所繼承。他們是一群極有能力的天文學者，已經知道水、金、火、木、土星5個行星，並製作了太陰曆。在5大行星上加太陽和月亮而形成1星期這個時間單位的，也是迦勒底人。

此外，這些美索不達米亞文明還創造出了充滿夢幻氣息的星座神話。

*宇宙
「宇」指空間，「宙」則表示時間。或許我們會聯想到相對論的「時空」，但其實早在西元前2世紀的中國古籍『淮南子』中便已提及。〔『淮南子』：「四方上下曰宇。往古來今曰宙」。—審註〕

## 古代埃及和阿卡迪亞人的宇宙觀

### 埃及人

阿圖姆的孩子之中，蓋伯成為大地橫躺於下，努特變成天，煦則變成空氣和水蒸氣介於兩者之間，分隔了天與地。

### 阿卡迪亞人

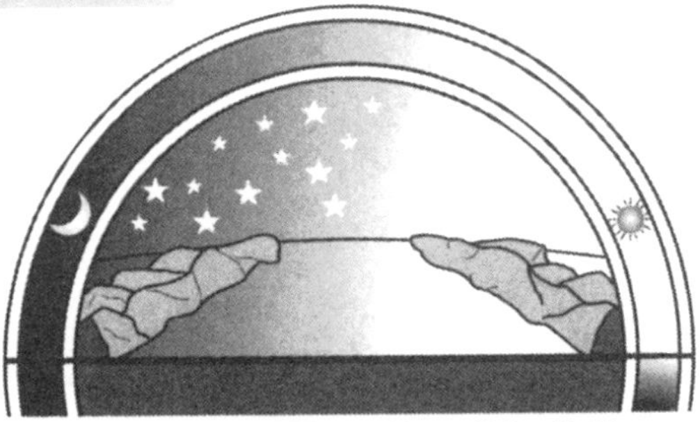

太陽和月亮透過隧道而進行移動。
經由天上的隧道由東移動到西，
再經由地下的隧道重新由東方出現。

另外，在古埃及神話中，一定會有「初始之海＝努」的出現。「努」就是他們生活的世界中的尼羅河，亦是宇宙的本體。最高之神阿圖姆自「努」中誕生而來，阿圖姆的孩子們再創造出世界來。

## ◆中國的陰陽說、印度的海龜──意味深長的東方宇宙論

在古代中國的宇宙觀中，存在幾個重要的學流。其中之一便是所謂的渾天說，亦即在像蛋殼般的世界之中，大地就如同蛋黃般浮在上頭的一種說法。

但是，創造這個世界的並不是神。世界是在陰陽兩種相反力量的消長之中形成的。此外，所有的萬物都是由木、火、土、金、水的5種元素所構成，由陰陽和5元素相結合而成的*陰陽五行說也因而發展開來。

這5種元素應是對應到在中國也已知道的5大行星而成，並因應「瞭解宇宙是為了掌握人的命運」的方法論而生成易學、氣學和風水等學說。

古代印度也有許多的*宇宙論，在最古老的宗教文獻『吠陀』中，其基本構造乃是由天、空氣和地的3層所形成的。這在佛教中就成了天、人間界和地獄，而在人間界的中心則聳立著一座叫須彌山的巨山。另外，繪製得像圖一樣的「世界是置放於海龜之上的」的一種想像，是一種不限於印度，更廣傳在東南亞一帶的宇宙觀，地震則被解釋成是來自海龜的動作。

就像這樣，四大文明圈都各自孕育出屬於自己的獨特宇宙論，對星球的觀測也極為盛行，更不知從什麼開始和神學及占星術產生了密不可分的關係。

*陰陽五行說
由陰陽概念發展的老莊思想和印度哲學上或可預見到現代量子論的觀點。

*宇宙論
物理學者的佐藤文隆氏說：「與其說宇宙論是談論宇宙本身，倒不如說它是一種談論世界觀時的思考模式」。每個文明圈都抱持有反映其風土的世界觀，更可以說文明有多少種，世界觀就有多少種。

## 古代印度和中國的宇宙觀

### 印度

支撐世界的，是巨大的蛇和龜，以及象群們。
大地是個半圓球狀，聳立在中央的是須彌山。
此外，地震被認為是龜運動時所引起的。

### 中國

由擁有相反性質的陰陽 2 種氣生成萬物的想法，之後和占星術合而為一。

## 2 一千數百年來的常識——「天動說」

### ★托勒密(Ptolemy)難以動搖的數理宇宙模型爲何？

**◆希臘的自然哲學是排除掉神之後才開始的……**

因民主政治而受人謳歌的古代希臘，在排除了神和偶然的因素後，構築出一個合理又科學的宇宙觀。「這個世界的物質不是神所創造的。而是原本就存在的事物，藉由因果關係而產生變化」的想法，可以從這樣的因果關係中窺見到法則的一種思考之中，＊**自然哲學**形成了。於是，希臘的宇宙觀便以＊**托勒密**的「天動說」做爲其集衆家大成之作。

宇宙的中心是地球，其周邊由太陽、月球和5大行星嵌合而成的＊**天球層**完全是依著圓形軌道排列，而恆星則是貼在最外圍靜止不動的天球層上——這個天體運動論有著極精密的計算爲基礎，並將肉眼所見的觀測結果做出最完善的說明。

但是，在隨後興起的羅馬帝國中，因爲愛好實用學問而開始的宇宙論的科學探求停滯下來，鍊金術和占星術逐漸擴張的「黑暗的中世紀」也從此揭開序幕。另一方面，主掌中世紀歐洲的基督教神學，則解釋說：「完全且不變的天動說才是神的眞理」。就這樣，托勒密的宇宙觀就在教會權威的護航下，以其「不允許改變的事實」的身份，成爲長久以來歐洲人的常識之一。

＊自然哲學
不同於近代的自然科學，重思索而較不重實驗。

＊托勒密
著作於西元150年左右的『天文學大成(Almagest)』中開始了天動說的學說。

＊天球層
為了說明行星等的複雜軌跡，天球層的數目高達80個以上。哥白尼會提倡地動說乃是因為對此複雜性深感懷疑所致。

## 托勒密的天動說的宇宙

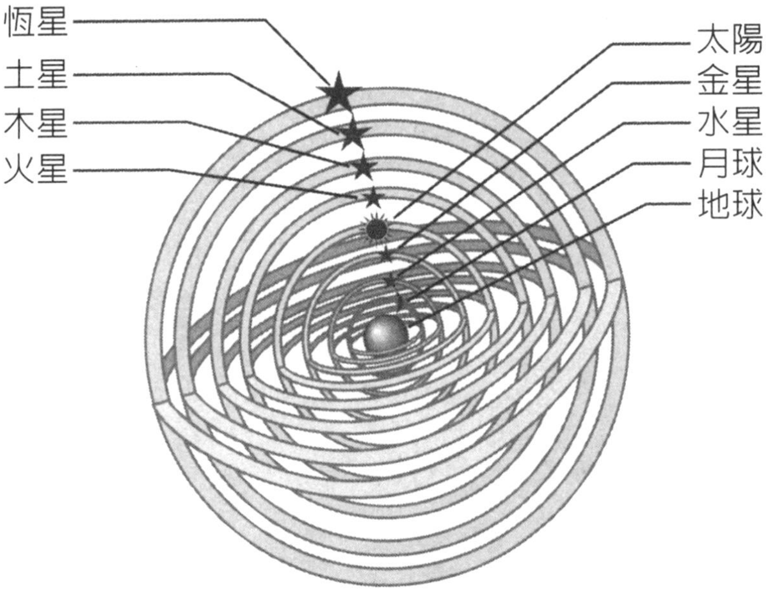


托勒密的大地，從古代的碗倒蓋過來一樣的半球體變成浮在空中的球體，是接受了自元元前 6 世紀左右開始的觀念而做的修正。

之後，西元前 3 世紀埃拉托塞尼斯在埃及所進行的實驗，是在陽光射進塞恩井中的同一時刻，量測遠方的亞歷山大城的塔所形成的陰影的角度，再由計算中求得地球的周長為4.4萬公里。將這所得的數值與現在的4萬公里相較之下，竟然準確得令人驚訝不已。

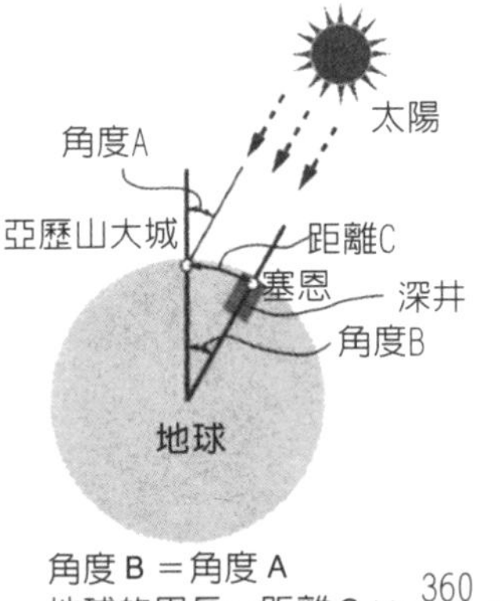


角度 B ＝角度 A

地球的周長＝距離 C × $\frac{360}{角度B}$

# 3 「哥白尼的天體運行論」所衍生出來的「地動說」

## ★被公認毫無破綻的天動說的地位開始動搖！

### ◆勇於挑戰禁忌卻又堅守信仰的神職人員

對於「不可動搖的眞實」的托勒密的天動說，膽敢說出「還有別的想法喔」的，便是**＊哥白尼**了。

持續不斷獨自進行天體觀測的他，早就認清「若將太陽做爲宇宙的中心，看來複雜的行星的軌跡便能以極簡單的方法來說明」的事實。於是，他在1543年出版了論述**＊地動說**的著作『關於天球的回轉』。後世的人紛紛以「哥白尼的天體運行論」對其大爲讚賞，可說是相當偉大的一個思想的轉變。

但是，另一方面，在行星軌道爲完美的圓、恆星在最外層的天球上這一方面，卻並未將基督教的宇宙觀給完全地否定了。此乃因他本身是個信仰虔誠的神職人員，對於神創造天地一事不抱任何懷疑所致。一切都只是「碰巧在我所觀測的結果中，神所創造的宇宙的數學模型就是這樣」的一種「假說」的提案，而非否定神的存在的那種「科學眞理」的主張。

他對著作的出版直到臨終前仍是滿心猶豫，這並不是因爲害怕來自教會的責斥，而是因爲公轉軌道的圓形設定，使得計算和觀測結果發生誤差之故。

＊哥白尼
生於波蘭。活躍於神職、醫療和天文學的領域中。

＊地動說
紀元前3世紀，希臘的自然哲學家阿利斯塔克也倡導地動說，但卻被遺忘了。

## 哥白尼的「太陽中心」的宇宙

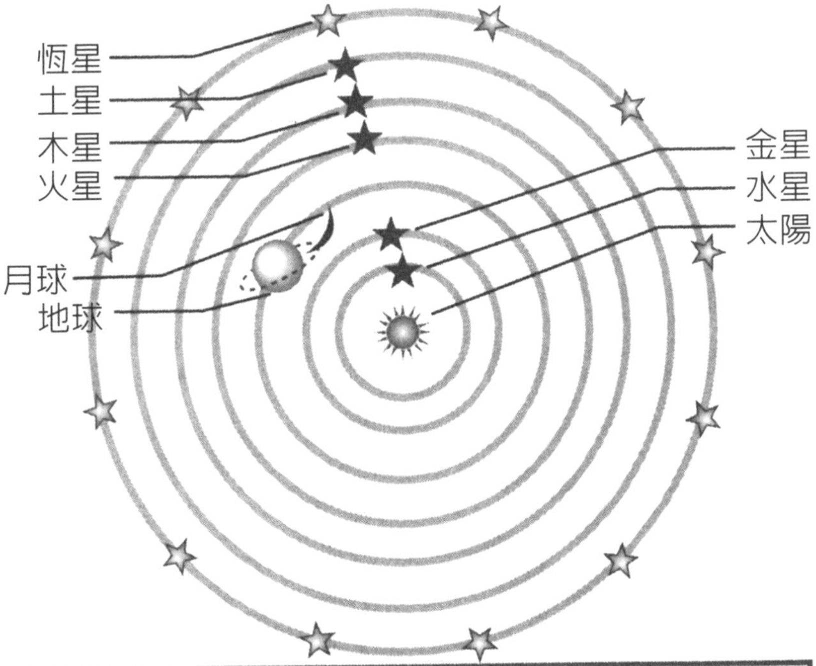


### 周年視差

地球若是繞著太陽轉的話，地球位於軌道上的相反位置時，較近的恆星相對於作為背景的遠處恆星將呈現最大的位移。這就稱為周年視差。

克卜勒也曾在這一點上被指責過，但用當時的觀測工具＝肉眼並無法觀測到。克卜勒對於這個問題，則以恆星位於難以想像的遠方為理由，無法做視差確認來加以解說。

因此，克卜勒的宇宙擴展到了無限大，但克卜勒自身的想法卻尚未到達無限宇宙的境界。

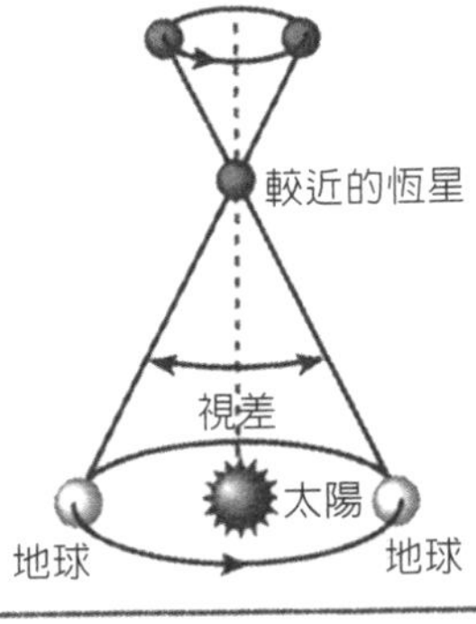

# 4 克卜勒的發現，擾亂了宇宙的秩序？

## ★「地動說」也找到了完美的「和諧定律」！

### ◆哥白尼也料想未及的行星的橢圓軌道

在談論克卜勒之前，讓我們先聊聊他的老師*第谷・布拉赫的事吧！他被尊爲肉眼觀測天文學家中的最偉大，也是最後的一人。其中最有名的事績，莫過於1572年發現了稱爲*第谷新星的超新星爆發一事。這個發現可視爲本應是完全不變的宇宙中竟生出「變化」的一個最佳見證。

*克卜勒利用第谷所遺留下來的準確天體觀測資料，重新針對火星的軌道進行大力的研究。而他在此所發現的，竟是火星的軌道是橢圓形，且其速度並非一定的事實(克卜勒的第1、第2定律)。

克卜勒的定律，可說是將埃拉托塞尼斯和托勒密以來的「完全圓的等速運動」的宇宙的全秩序給推翻了。因爲，埃拉托塞尼斯曾經說過：「完美運動的速度是均勻的」。克卜勒的發現被認爲和20世紀時愛因斯坦的登場一樣具革命效應，便是因爲上述的緣故。

但是，克卜勒本身卻十分重視宇宙的和諧。因此，等他發現第3定律(和諧的定律)時，便選在1618年發表在『世界的和諧』這本書中。

*第谷・布拉赫
丹麥出生的天文學家。針對天動說提出部份的修正，但尚未涉及地動說。其觀念是太陽繞著地球轉，而5大行星則繞著這個太陽轉。

*第谷新星
——參照136頁

*克卜勒
出生於德國的數學家、天文學家。他的發現受到衆人矚目乃是在其去世後的第57年，由牛頓介紹給世人得知後才開始的。

## 克卜勒 3 定律

### 第 1 定律(橢圓軌道的定律)

行星是沿著以太陽為唯一焦點的橢圓軌道運行的。

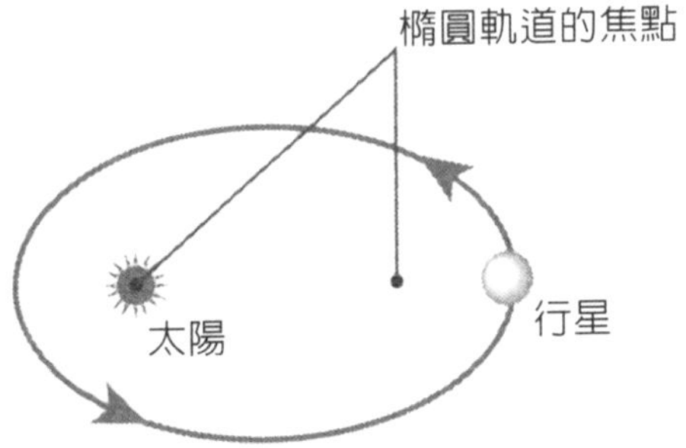


### 第 2 定律(面積速度的定律)

連結行星和太陽的直線,在同一時間內總會描繪出相等的面積。換言之,靠太陽越近,行星的速度就越快。

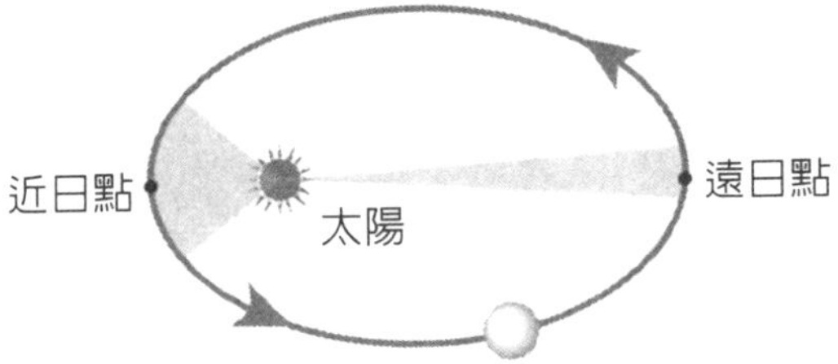


### 第 3 定律(和諧的定律)

行星和太陽的平均距離的 3 次方和公轉週期的平方成正比。

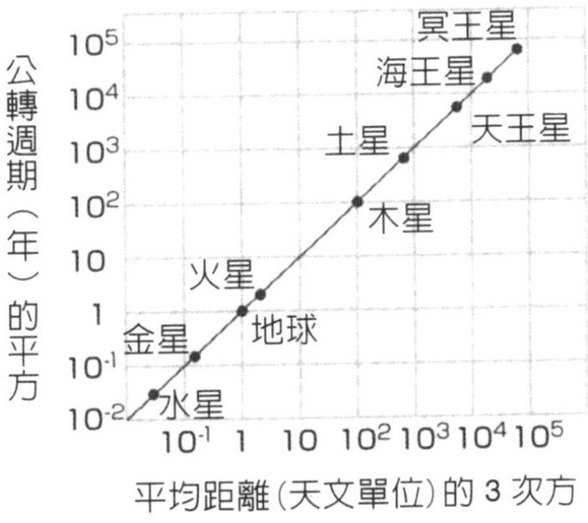

# 5 伽利略所見到的不完全的宇宙模樣

## ★望遠鏡中發現的木星衛星是「地動說」的決定性證據

### ◆宗教審判上的拷問是虛構的故事！

雖然克卜勒在生前完全不受重視，但同時代支持地動說的＊**伽利略**還是掀起了一場前所未有的大爭辯。

他利用自己剛發明的＊**望遠鏡**陸續揭開了一個個驚人的事實，更顛覆了當時的完全不變的宇宙觀（１６１０年『星際使者』）。其中揭示了諸如月球的表面是凹凸不平的、太陽之中有每天數目變更的黑子、金星的圓缺……。而新發現的衛星確實是＊**木星的衛星**，不屬於地球。發現了環繞著木星的4個衛星的他，確信自己是掌握了地動說的決定性證據。

除了天文學，伽利略在力學上也發現有諸多的定律，而在面對「地球既然在移動中，爲何我們不會飛出去呢」之類的天動說派的詰難時，他總是會提出「從走動中的船桅上丟石頭會呈垂直落下」的慣性定律來回答。

他以「假說」的立場來研究地動說原是受到許可的，但卻因主張其爲「眞理」而受到宗教審判，並被逐出教門。但是，根據當時的記錄，是否曾受到拷問等疑點，卻只得到他一句意味深遠的「儘管如此，地球還是在轉動著」的回覆，並無任何證據可以確認。

＊伽利略
義大利的物理、天文學家。即使是在接受宗教審判後，仍在軟禁期間繼續研究，死後的第３５０年的１９９２年，才因認同其功績的教宗若望保祿二世解除其破門令。

＊望遠鏡
伽利略自製的望遠鏡最後可放大32倍。

＊木星的衛星
和太陽黑子一樣，同時代另有其他發現者，但是伽利略高聲主張自己才是第一位發現者。

## 伽利略的主要發現

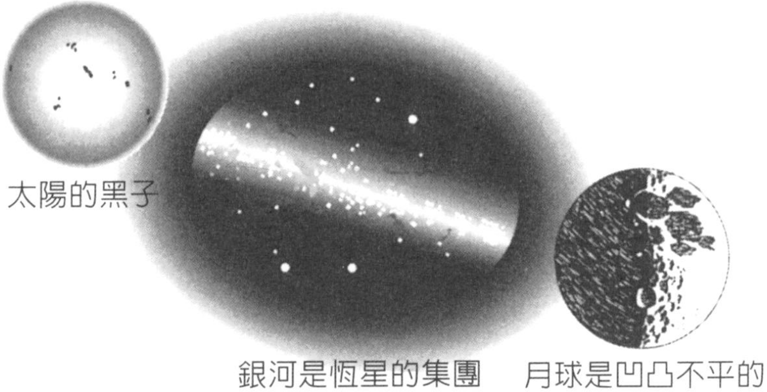
太陽的黑子
銀河是恆星的集團
月球是凹凸不平的

**宇宙是不完美的證明**

伽利略先生發現的
是 4 個，其實總共
有16個衛星。
木星若是有衛星
地球也有衛星（月球）又何妨！

**成為地動說的證據所在**

# 6 發現「萬有引力」的牛頓的宇宙

## ★天地共通的物理定律粉碎以人類爲中心的世界觀！

### ◆從「神秘的宇宙」到「物理的宇宙」

如果地動說是正確的，最大的疑問便在於沒有了天球，爲什麼行星不會落到太陽那一邊而仍能維持轉動呢？

能回答這個問題的，就是*牛頓的*萬有引力定律。藉由這個定律，說明如月球因爲公轉所生的離心力和與地球之間所生的萬有引力相制衡之故，因此不會落到地球上。

暫且不論牛頓因爲看見蘋果掉下而發現引力的這段佳話的眞僞如何，牛頓用數學證實了地上的物理定律同樣適用於天體。這也同時意味著完滿的天界是會被拉下至地上的。其主要著作『**自然哲學的數學原理**』（１６８７年）中所顯示的那個宇宙，無論是地上或是天界，也不論是具有物質亦或是空虛的空間，被以相同的力學定律所支配的空間將會無限地延伸下去。

無關我們個人的意識，只是單純地存在著的宇宙——牛頓所展現出來的宇宙觀，已經不再是反映人類世界觀的東西了。而且，他的定律在愛因斯坦登場的20世紀之前，成爲研討宇宙的一項偉大的工具。

*牛頓
(Isaac Newton)
在伽利略去世的１６４２年出生於英國。牛頓的最大功績，就在於他從之前的哥白尼、克卜勒和伽利略等人所提出的素材建構出全新的「世界體系」，並帶來一番新氣象。

*萬有引力的定律
作用於2個物體之間的自然力，與2個物體的質量乘積成正比，而與距離的平方成反比。

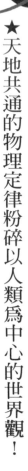

# 牛頓所改變的宇宙觀

## 牛頓之前的宇宙觀

宇宙和人類的思維和生活有著密切的關聯。

## 牛頓的宇宙觀

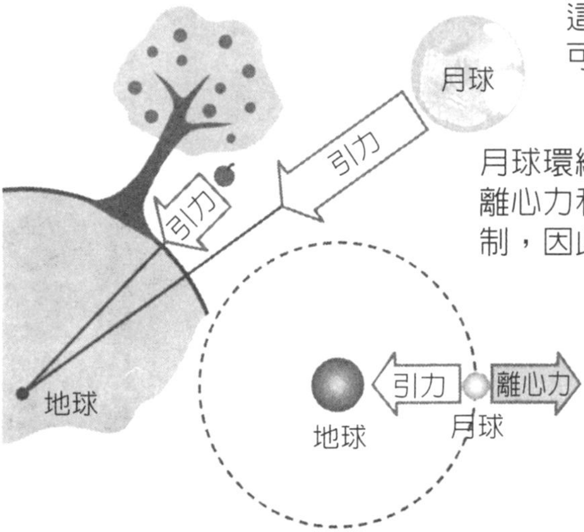


蘋果落地是因為引力所致。這種力量的影響可遠達至月球上。

月球環繞著地球轉時引發的離心力和引力（重力）相互牽制，因此月球不會落下

**宇宙是由重力和運動定律所定義的**

## 牛頓之後的宇宙觀

宇宙和人類的思維和生活完全分開。

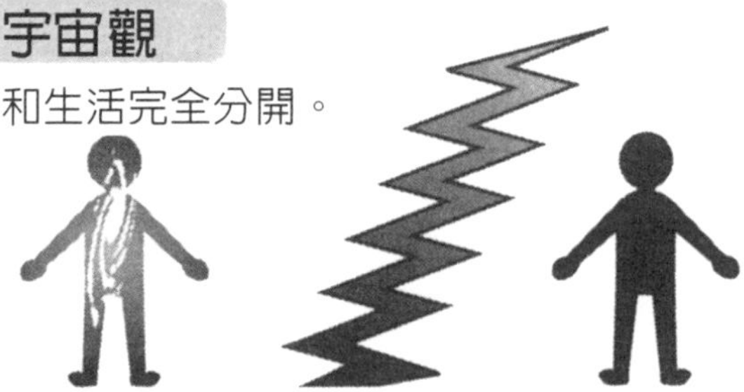

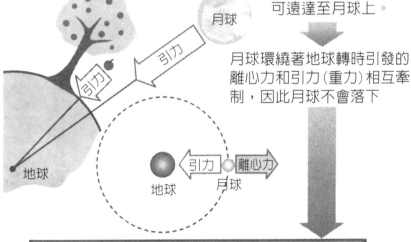

7

# 何謂愛因斯坦的扭曲的宇宙？

## ★相對論預言宇宙的大小仍在持續變化中！

### ◆牛頓的絕對時間、絕對空間是相對的「時空」

因爲愛因斯坦的*相對論，宇宙觀又起了相當大的一個變化。基於難度的考量，對於這個理論所得出的結果，僅舉出二項以供讀者參考。

第一，有名的*$E=mc^2$的公式中所表示的是「能量和質量可以互換」的事實。單就其結論而言，爲了要使太陽等會放出莫大熱能的恆星持續發光，需要有原子能（核能）的存在。諷刺的是，這件事居然是經由原子彈（核武器）的開發才獲得證實的。

第二是**4維時空**的概念。在此處的重力並非如牛頓所說的「物體彼此間相互吸引的力量」，而是由具有質量的物體因扭曲空間而產生的，此外，不只是空間的構造，連時間的流逝方法，也是受到存在的質量或能量的影響而有快慢之分。

牛頓的宇宙是一種當做「容器」的宇宙，宇宙本身並不會發生什麼變化。這就稱之爲絕對空間和絕對時間。然而，相對論的宇宙中，時間和空間都是相對而得以伸縮的。而且，它也預言了宇宙會以自身的引力進行收縮言件事。

*相對論
經由1905年發表的狹義相對論和16年的廣義相對論而完成。

*$E=mc^2$
E是能量，m是質量，c則是光速。因核分裂和核融合而導致一部份的質量損失的話，就表示將失去的質量乘上光速的平方，便可以獲得極大量的原子能。

# 相對論的宇宙

牛頓的宇宙中存在有「絶對時間」和「絶對空間」

## 愛因斯坦的宇宙

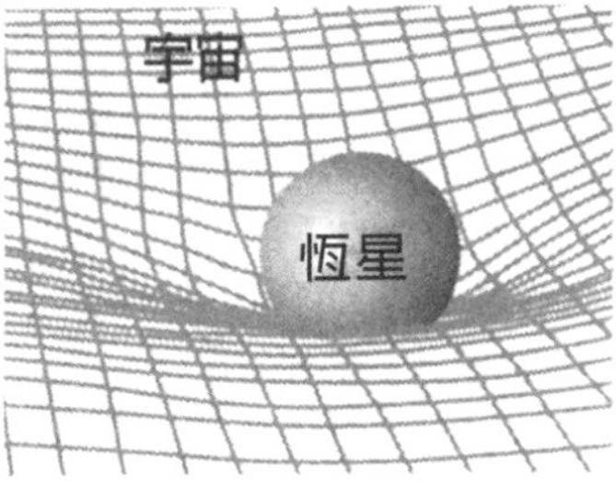


宇宙是隨著恆星的質量在變化的

**空間也是一種相對的存在**

光速維持不變，在以光速移動的物體之中……

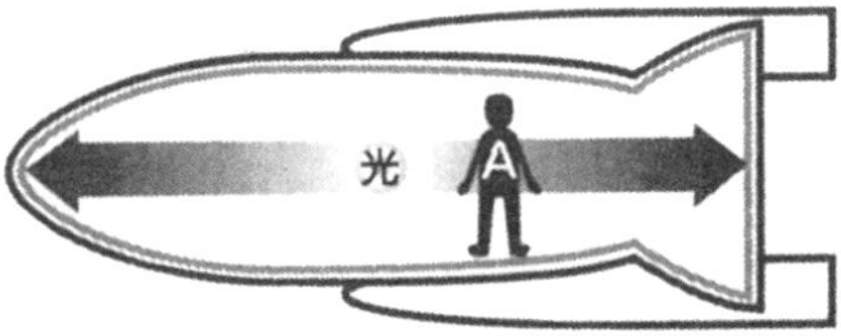


對太空船内的A而言，往前後的光都是同時抵達的

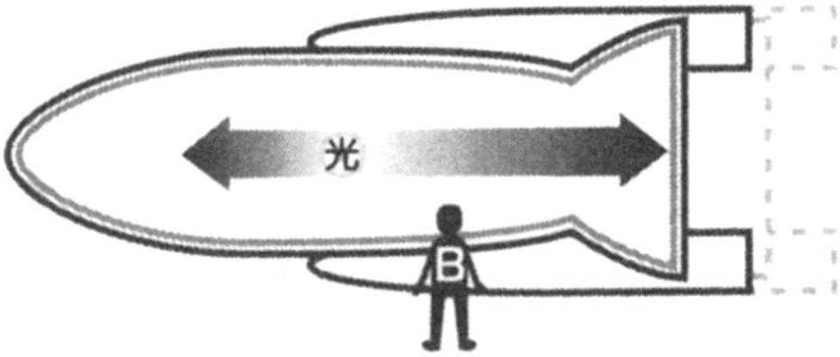


對在太空船外的B而言，往前行進的光會較慢抵達前面的牆壁

**時間和空間都是相對的**

# 8 德希特和弗里德曼的膨脹宇宙

## ★純粹以相對論來考量的話就是這個樣子！

### ◆愛因斯坦自己都無法相信的相對論的結果

愛因斯坦對於自己的相對論所導出的收縮的宇宙觀無法相信。於是，他在相對論的方程式中加入*宇宙項的一個特別常數，將宇宙修正成恒久不變的**靜態宇宙**（1917年）。所謂的宇宙項，就是和會使時空坍縮的重力相反、能造成時空膨脹的一種假設斥力。

然而，同年*德希特在未加入宇宙項，讓宇宙中什麼都沒有，亦即在宇宙的質量爲零時的情形下，試著用最原始的愛因斯坦的方程式來加以解答。結果，相反地，出現了宇宙正膨脹中的答案。

5年後的1922年，*弗里德曼也將宇宙項歸零，而將宇宙的質量做各種變化加以計算。

結果，宇宙的全質量若小於某*臨界值時，宇宙就會無限制地持續膨脹，而大於臨界值時則會在某個程度的膨脹後轉爲收縮，並重覆同樣的現象。

究竟，是愛因斯坦的靜態宇宙正確呢？還是弗里德曼的動態宇宙正確呢？天文學家的哈伯對此作出了結論。

*宇宙項
使用此項的理論稱為「相對論的宇宙論」。

*德希特
荷蘭的天文學家。他的答案便是一般所知的「空虛膨脹的宇宙」。

*弗里德曼
蘇俄數學家。他的宇宙模型成為其後宇宙研究的基礎。

*臨界值
現在，這個數值是以每1立方公分$10^{-29}$公克加以計算的。

## 「膨脹宇宙」的登場

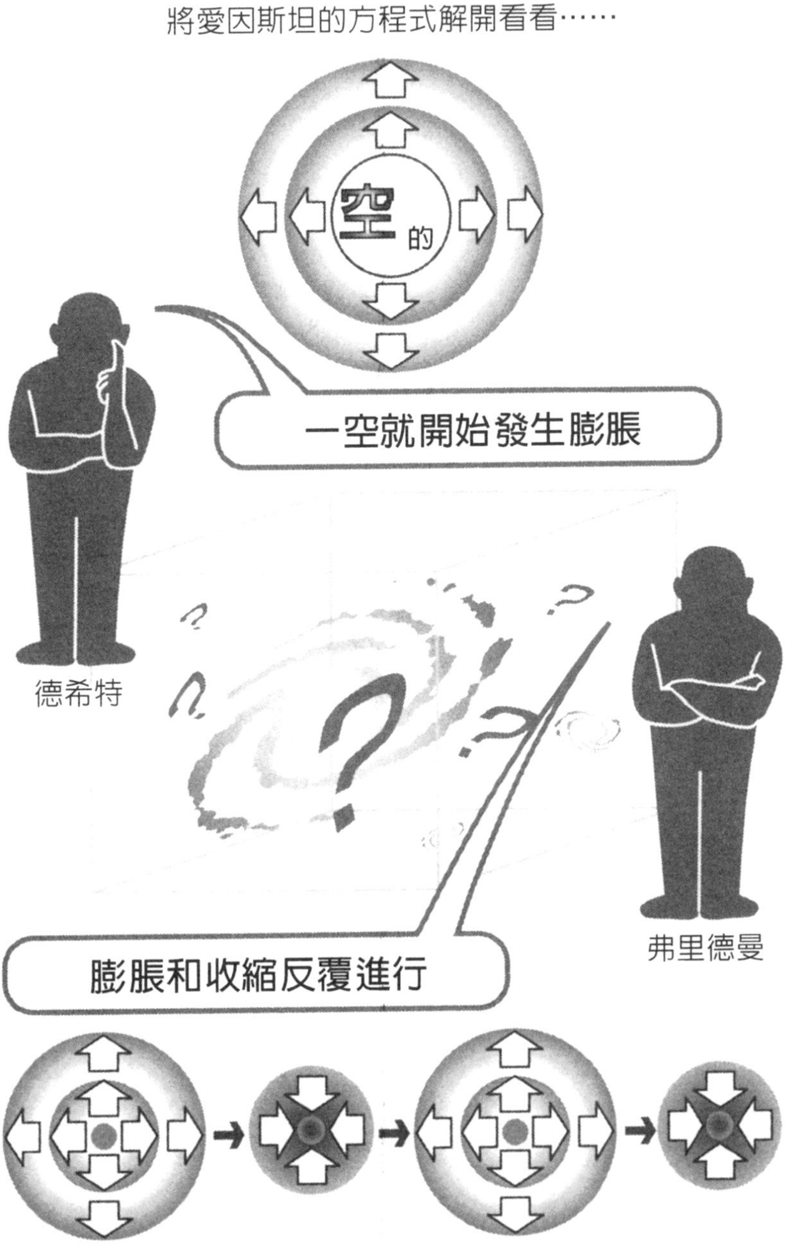

將愛因斯坦的方程式解開看看……
空的
一空就開始發生膨脹
德希特
膨脹和收縮反覆進行
弗里德曼

# 9 哈伯所觀測到的「遠離的星系」

## ★證實膨脹論的世紀大發現

**◆讓愛因斯坦舉白旗的「人生最大的敗筆」**為何？

宇宙會在某個大小程度時靜止不動，亦或是膨脹或收縮嗎？爲這個爭論劃下句點、發現宇宙正在膨脹的事實的就是＊**哈伯**。

哈伯主要是針對遙遠的星系進行觀測的，但卻察覺到離我們越遠的星系，正以越快的速度遠離著的事實。於是，在哈伯對＊**星系的距離**和＊**退行速度**做過愼重的研究後，便在１９２９年發表了「遙遠星系的退行速度，與我們和該星系間的距離成正比」的哈伯定律。

知道這件事之後的愛因斯坦，便把宇宙項視爲自己「人生最大的敗筆」，並加以撤消。

哈伯的定律適用於宇宙中任何一個方向的星系。就如同畫在汽球上面的兩個點，會在吹入氣體後彼此遠離一樣，從遠離著的星系望向我們的銀河系，也會覺得我們這個星系正在遠離著。換言之，宇宙全體都一樣是在膨脹著的。

宇宙若是正在膨脹中，反過來追溯時間的話就應該會有宇宙誕生的那一瞬間才是。於是，從此以後，宇宙是何時、又是如何開始的便成爲宇宙論的主要課題了。

＊哈伯
美國的天文學家。在洛杉磯郊外的威爾遜山天文台進行觀測活動。

＊星系距離
把只要知道脈動週期就能夠知道絕對星等的造父變星從各星系中找出，再從其絕對星等和視星等計算出距離。

＊退行速度
只要研究光譜的紅位移便能計算得知。
——參照108頁

## 哈伯定律

# 遙遠星系的退行速度，
# 和我們到那個星系間的距離成正比

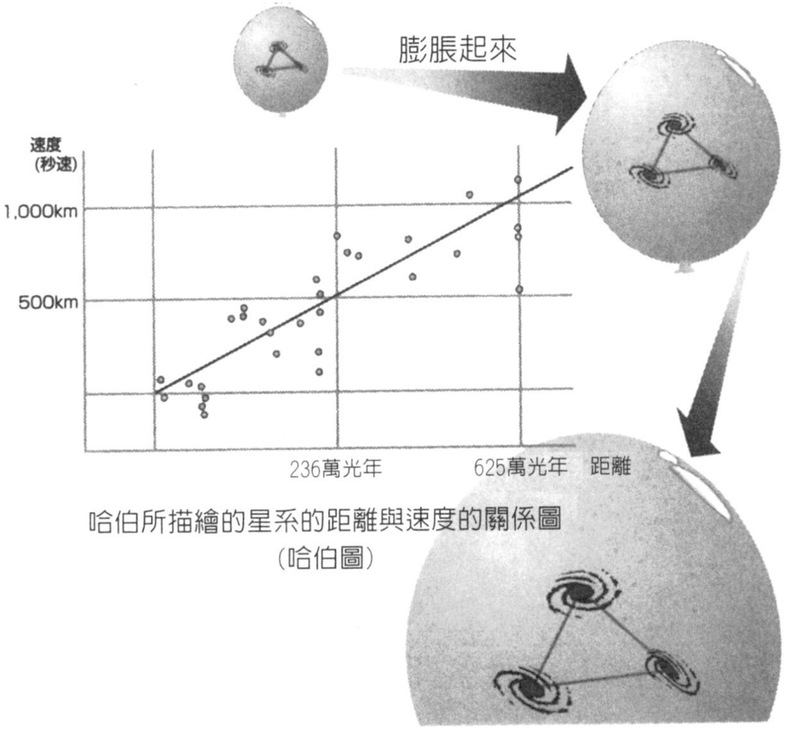


哈伯所描繪的星系的距離與速度的關係圖
（哈伯圖）

10

# 終於登場了！加莫的大霹靂宇宙論

## ★大霹靂假說是在原子核研究有所進展後才誕生的

### ◆從現在的元素組成反算回去的話，初期的宇宙應該是顆火球！

宇宙始於大霹靂，而第一個將此做成理論性說明的正是＊加莫。

加莫當初所考慮的，是想要說明「構成宇宙的物質爲何會像現在這樣的比例存在著呢？」這個問題。宇宙的元素（物質）的75％是氫，24％是氦，鐵等其他元素則是１％。

在哈伯的發現之後，這個問題仍然持續爭論了一段時間。那是因爲人們並沒有探討這項問題的工具可使用。學者們試著從量子論和基本粒子理論，開始去探討宇宙的起源這個問題。

根據加莫的說明，膨脹宇宙的極早期的狀態若是高溫和高密度的話，其後的核反應就可以順利進行而得到現在的元素組成。至於所謂的「極早期」，是指宇宙只有現在$10^{-8}$大小（太陽系的100分之１）的時刻，在其20～30分鐘後，現在的宇宙中所有的元素便都已生成。

加莫的這個理論在１９４８年以『αβγ論』發表，之後經許多研究者的修正和驗證，而成爲現在的標準宇宙論。

＊加莫（Gamow, George）生於蘇俄的美國理論物理學家。去世於１９６８年。還著作過《物理世界奇遇記》等科普暢銷書。

## 3K宇宙背景輻射的發現改變了宇宙論！

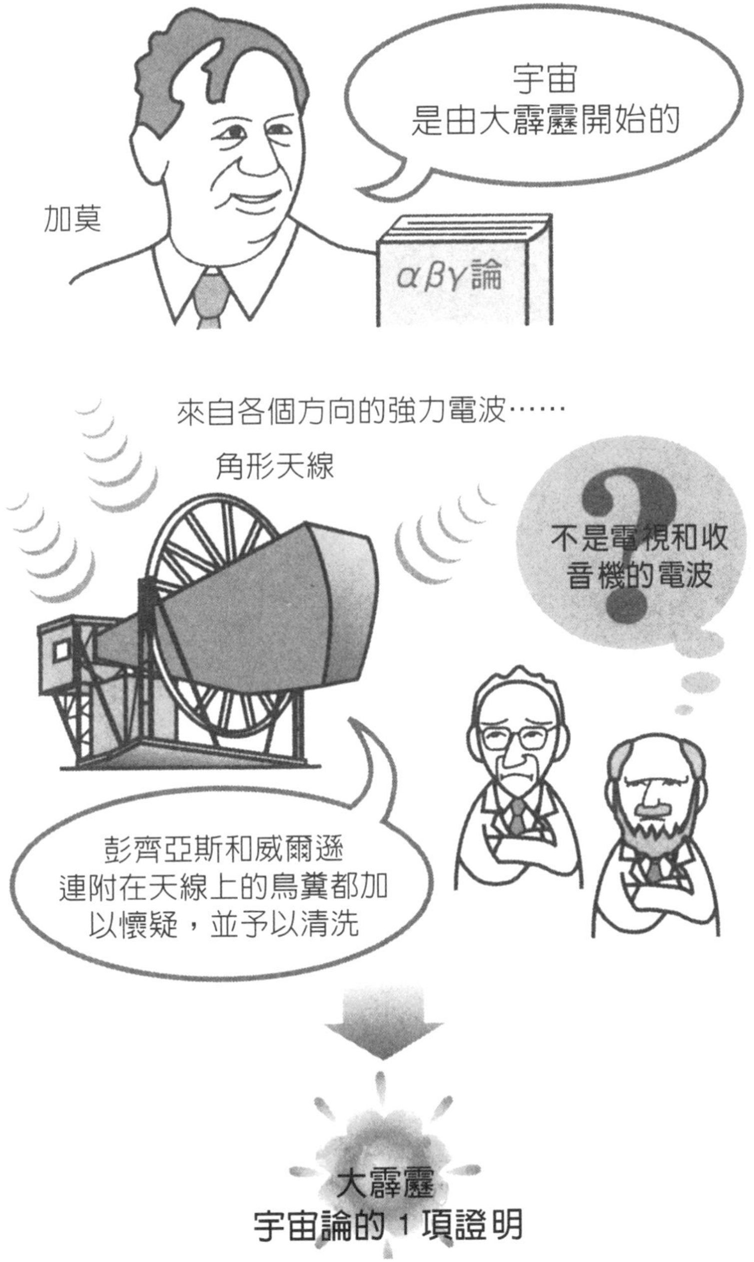

# 11 「穩態宇宙論」的反擊

## ★因膨脹而產生的隙縫中湧出新的物質來!?

### ◆儘管如此，宇宙真的是不變的嗎!?

讓我們再回到前面所談論的，聽過了哈伯的膨脹宇宙的發現，連愛因斯坦也只好放棄靜態宇宙（相對論的宇宙），舉白旗投降了。和愛因斯坦這項靜態宇宙十分近似的，還有＊**穩態宇宙論**。

其主張是「認同宇宙膨脹的事實。但是，宇宙並沒有開始，而是一直永遠地保持同樣的狀態」。「因爲，因膨脹而變稀薄的部份一定還會不斷地從眞空湧出物質來，宇宙是不會產生任何變化的」。

由現在的觀點看來，總覺得其中透著不願屈服於進化論的基督教般的怪異，但在當時卻風行了一時。那也只能敬佩「宇宙是永遠不變的」這個主張的無窮魅力了。

這個穩態宇宙論和大霹靂宇宙論之間發生激烈的爭論，宇宙論也因而更向前邁進一步。

但是，＊**宇宙背景輻射**的發現和＊**宇宙暴脹**理論的登場，都帶給大霹靂宇宙論更強而有力的支撐，使得穩態宇宙論漸趨下風。

但是，到目前爲止，大霹靂宇宙論都還不算完成。

＊穩態宇宙論
1948年，由英國天文學家葛爾德和霍伊爾、澳洲數學家邦帝等學者所提倡。

＊宇宙背景輻射
——參照60頁

＊宇宙暴脹
——參照46頁

# 穩態宇宙論

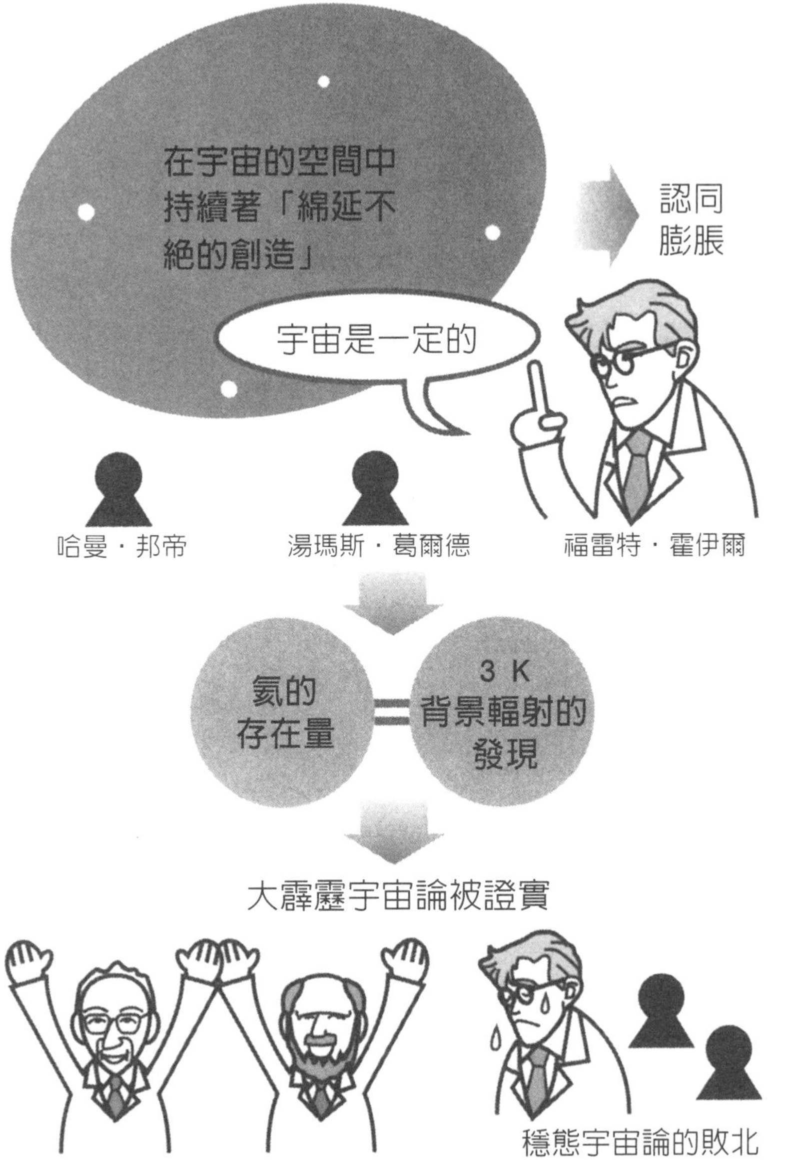
在宇宙的空間中
持續著「綿延不
絕的創造」
認同
膨脹
宇宙是一定的
哈曼・邦帝
湯瑪斯・葛爾德
福雷特・霍伊爾
氦的
存在量
3 K
背景輻射的
發現
大霹靂宇宙論被證實
穩態宇宙論的敗北

但是，宇宙論的爭論仍然繼續著

★「地球好藍」「我是隻海鷗」——蘇聯的太空人們

★阿波羅11號「偉大的第一步」之前的足跡

★揭開宇宙大航海時代的序幕的太空梭

★裝載著給外星人訊息的行星探測船航向遠方

★哈伯太空望遠鏡所窺見到的宇宙

★太空站的建設何時著手？

★和外星人通信的可能性

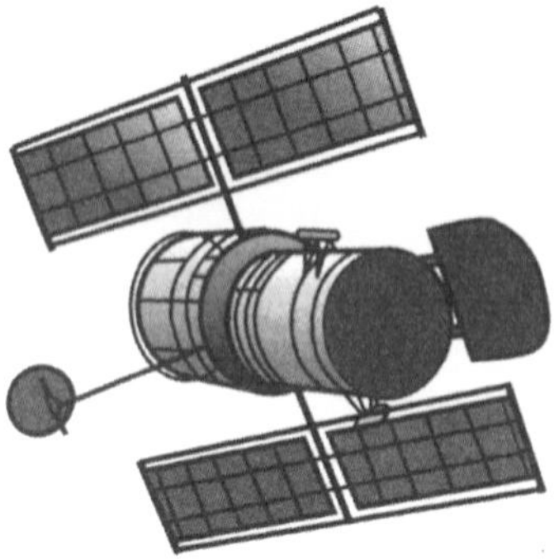

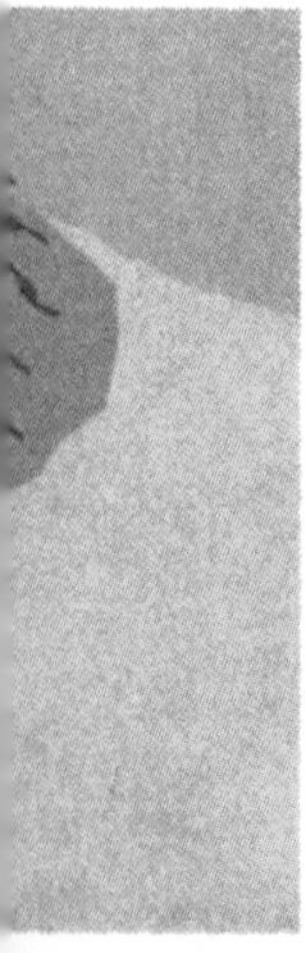

從美蘇的研發競爭
到未來的太空站、
日本的努力投入

PART 5

# 宇宙探測和太空開發的進展與未來

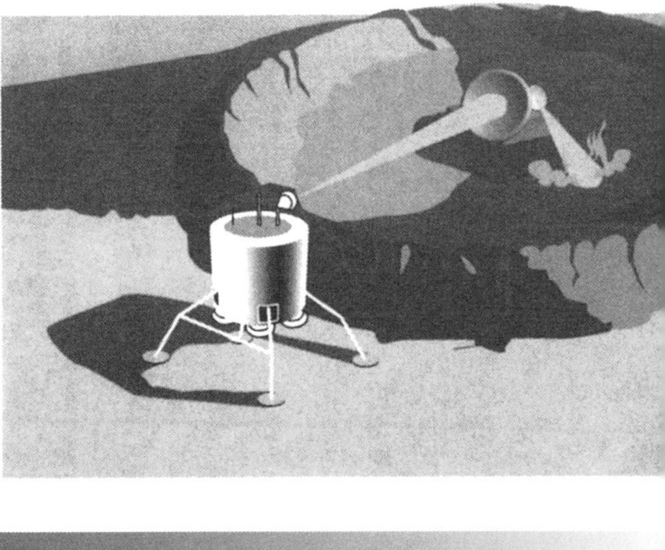

# 1 一切就從「史潑尼克」的衝擊開始！

## ★美蘇人造衛星競賽——蘇聯的太空狗和美國的太空猴

### ◆蘇聯的史潑尼克 vs NASA的水星計劃

1957年10月4日，在美國國內仰首夜空一片怒號、歎息聲中，蘇聯的史潑尼克1號以人類首枚人造衛星的身份滑上了地球的周邊軌道。

送人造衛星到太空，最先是由美國提出的，但卻完全被蘇聯給迎頭趕上了。而且，足以把史潑尼克1號這種直徑58公分，重85公斤的物體給送上太空的火箭，美國還未開發出來。

美國因爲受到這個「史潑尼克衝擊」而開始挑起了太空開發競爭的序幕，但就像是嘲諷美國似地，蘇聯緊接著在史潑尼克1號的1個月後，又發射出搭載著愛斯基摩犬「萊卡」的2號。

隔年的58年，美國成立NASA（美國國家航空暨太空總署）。並啓用了曾爲希特勒研製V—2火箭，後向美國投降號稱火箭之父的馮布朗博士，發表讓人類乘上地球周邊軌道的＊**水星計劃**。雖然在人造衛星和狗方面給超越了，但只要在載人太空飛行這一項奪得「人類首次」的榮冠即可。在測試飛行上，美國使用黑猩猩參加了實驗。

＊水星計劃
水星是「旅行之神」之意。從現役軍人參加測試飛行的32名志願者中，選出最後所剩下的7人做為美國首批的太空人。

## 比人類早一步繞了地球一周的〝生物〞們

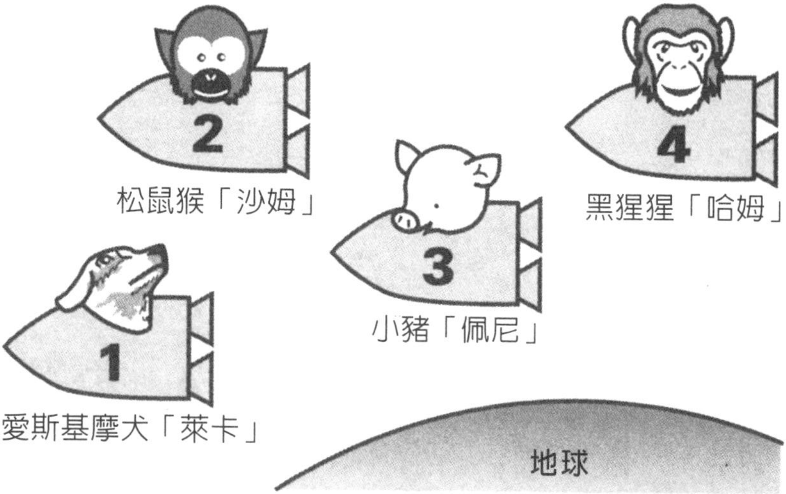

水星計劃中
被起用的7位飛行員

# 2 「地球好藍」賈加林的首次太空飛行

## ★俄國連載人太空飛行都叫「東方號」再次超前美國令其備感屈辱

### ◆首次從太空外眺望「地球號太空船」的27歲空軍少校

美國賭上國家的威信所進行的水星計劃，在試行錯誤的反覆中愼重地推行著，1961年2月，NASA發表了人類首位太空人預計將於3個月內由地球出發的聲明。

但是，美國卻又再次讓蘇聯給搶了先機，再吃上一記悶虧。就在NASA發表僅2個月後的4月12日，蘇聯將人類第一位太空人＊**賈加林**乘坐的**東方1號**送上了太空。

從高度327公里的上空回報過「地球好藍」這句名言後，賈加林繞行地球一周，於108分鐘後返回地球。首位用自己的雙眼看到藍色地球的人，正是這位27歲的空軍少校賈加林先生。

這個消息撼動了全世界，卻唯獨讓美國嚐到深深的屈辱感。但美國還是決定了原訂第一，實則已經退居「人類第二」的太空人爲亞倫・謝巴德，於當年的5月5日在佛羅里達州＊**卡納維爾角**乘太空船「自由7號」升空（Freedom 7），成功地完成了15分22秒的飛行。

＊賈加林
1934～1968年。62年5月曾訪問日本。後在訓練飛行的指導中因墜落事故去世。

＊卡納維爾角（Cape Canaveral）
位於佛羅里達半島中央東岸的火箭發射基地。曾有一陣子又被稱為甘迺迪角。

## 加格林的首次太空飛行

美國總是被蘇聯
給搶了先機
NASA
地球好藍
賈加林

葛利遜的
「自由鐘 7 號」(Liberty Bell 7)
因著水時的事故沉沒

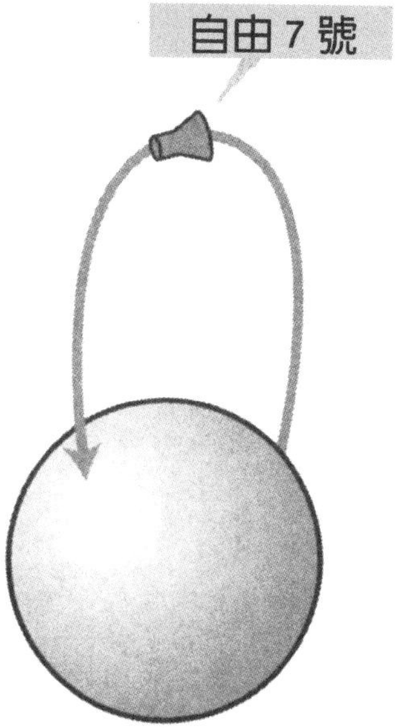
自由 7 號

亞倫・謝巴德的
太空旅行是15分22秒的
彈道飛行

## 3「我是隻海鷗」女性太空人捷列什科娃

### ★結果，太空開發競賽的第一回合以蘇聯的勝利拉下簾幕

#### ◆太空會合、太空漫步都由蘇聯搶先

因謝巴德的太空之行而勇氣倍增的美國，又訂定讓*葛倫繞行地球3周的計劃。不料蘇聯卻搶先於8月6日讓搭載凱爾曼・契杜夫的「東方2號」成功地繞行地球高達17周，完成了共計25小時18分的飛行計劃。

總是慢人一步的美國，則在隔年的62年2月，進行原訂的葛倫繞行地球3周的計劃以繼續接受挑戰，到了63年5月，終於由格登・庫珀以繞行地球22周刷新了契杜夫的記錄。

亟欲挽回顏面的美國做盡各種努力，但就在1個月後，蘇聯將載有太空人巴雷利・包可夫斯基的東方5號，和載有首位女性太空人*捷列什科娃的6號連續發射升空，這歷時3天的太空會合飛行又再度造成話題。捷列什科娃的那句「我是隻海鷗」的名言，也因而大受歡迎成了當時的流行語。

結果，美國就在落後於蘇聯的情況下，宣告終止水星計劃。

蘇聯在之後的65年3月18日又發射了日出2號，上頭的亞利克森・列昂諾夫首次在太空中進行漫步，此一畫面的公開再度使得全世界跟著興奮起來。

*葛倫
生於1921年。在57年橫過美國大陸的無著陸飛行成功後，成為太空飛行員。74年當選為參院議員。正計劃與和向井千秋女士同組搭乘太空梭。（已於98年實現）

*捷列什科娃
生於1937年。歷經輪胎工廠和紡織工廠的工作後成為空軍少尉。搭乘東方6號繞行地球48周，共停留了70個小時50分。

## 太空開發競賽的第 1 回合由蘇聯獲勝

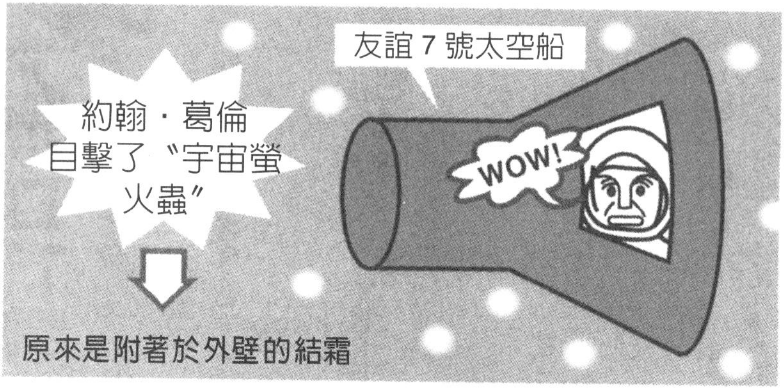
友誼 7 號太空船
約翰・葛倫
目擊了〝宇宙螢火蟲〞
WOW!
原來是附著於外壁的結霜

我是
亞恰伊卡
（海鷗）
捷列什科娃
女性首次的太空飛行
震驚全世界

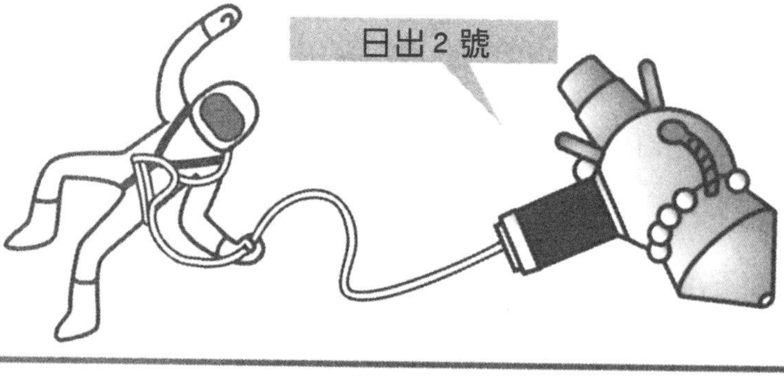
日出 2 號

太空漫步者第 1 號是亞利克森・列昂諾夫

# 4 阿波羅11號的登陸月球

## ★「偉大的第一步」之前的足跡

### ◆甘迺迪宣布使雙子星計劃變成阿波羅計劃

1961年就任美國總統的J．F．甘迺迪發出豪語：「將人類送上月球」。NASA本欲繼續水星計劃，展開以環繞地球爲核心的**雙子星計劃**，但甘迺迪卻發下命令，要求修改軌道「朝月球前進！」。於是，**阿波羅計劃**便從此揭開序幕。然而，阿波羅1號的3名太空人卻因訓練中的火災事故遇難了，受到震驚的NASA一直到6號都是採取無人方式發射升空。

藉由＊**農神5號火箭**推進的阿波羅太空船的實驗極端愼重地進行著，阿波羅10號等更在離月球表面僅14公里處低空飛行再返回，可說是用心極深。

終於，歷史性的一刻到來了。69年7月16日升空的＊**阿波羅11號**到達了月球的周邊軌道，20日下午7點17分40秒，登月艇小鷹號戴著人類首次降落到月球表面的「寧靜海」上。

阿姆斯壯船長在此時向地球傳送的訊息就是有名的「這是個人的一小步，卻是人類的一大步」。

＊農神5號火箭
總重量約有3000噸，其上配備的5具F1引擎總推力可達3470噸，在當時是最新銳的火箭。

＊阿波羅11號
乘組員有尼爾．阿姆斯壯、麥克．科林斯、愛德華．艾德林3人。科林斯留守於指揮艙哥倫比亞號中，其他的2人則登陸月球。

## 阿波羅11號的登陸月球

**留下在月球上的第一步，原訂由艾德林來執行，途中才改由阿姆斯壯代替，理由是因為阿姆斯壯的輩份較高。**

其後的阿波羅計劃共計有10人在月球上進行過活動

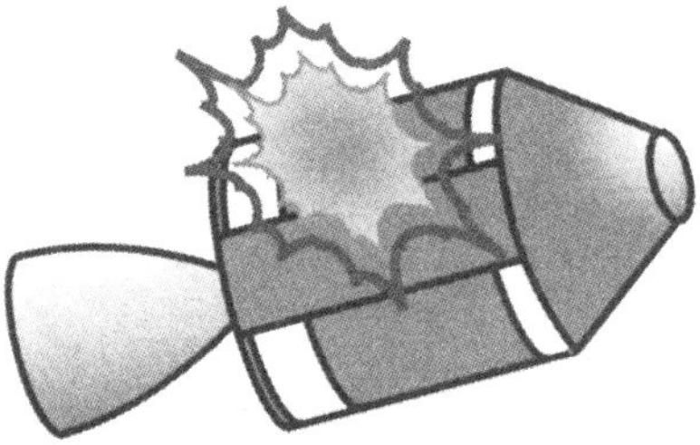

阿波羅13號
於1970年 4 月11日下午
 2 點13分
升空，

阿波羅14號的
亞倫・謝巴德
在月球表面進行史上
第一次月球高爾夫

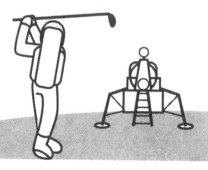

# 5 天空實驗室計劃的最大目的何在？

## ★與太空站建設有關的實驗室

### ◆針對太空事業所採取的「人體實驗」

太空開發競賽似乎讓我們見識到，美蘇雙方意圖用更華麗的記錄來代替冷戰的一面，另一方面，較為踏實的計劃也開始著手進行了。

那就是利用阿波羅計劃中使用的農神5號火箭的第3節做為太空實驗室——**＊太空實驗室**計劃。從1973年5月到74年的年初為止共3次，每次3位的太空人各自花了28天、59天和84天做長期的停留，除了觀測太陽和地球，並進行在無重力狀態下的合金製造等活動。

天空實驗室中有相當齊備的餐廳、廁所和折疊式的沐浴設備等，為了進行生命科學的實驗，還帶進了小老鼠、果蠅、蜘蛛等動物。但是，最佳的實驗對象其實就是那3位太空人。在無重力狀態下的長期停留，究竟會對人的肉體和精神造成什麼樣的影響呢？這個結果對於將來建設太空基地，及人類在地球以外的行星停留的可能性都是極為重要的參考依據。

結果，「太空船內的生活並不若想像中的艱辛」的資訊被取得，人類也得以放心繼續發展其太空事業。

＊天空實驗室計劃 skylab。此處的lab是「實驗室」的意思。計劃於1年後終了，天空實驗室於79年7月墜入大氣層而被燃燒殆盡。

# 天空實驗室

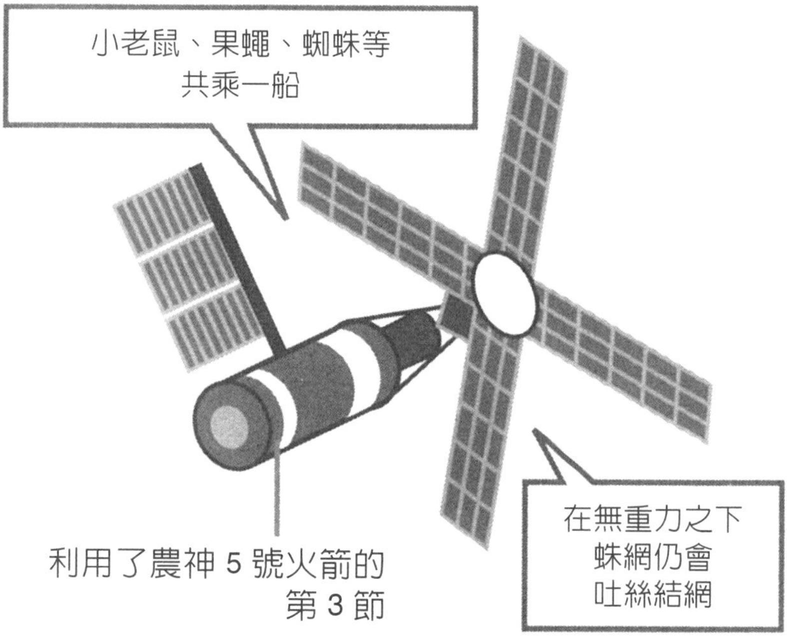
小老鼠、果蠅、蜘蛛等
共乘一船
利用了農神 5 號火箭的
第 3 節
在無重力之下
蛛網仍會
吐絲結網

## 米爾(俄文義為「和平」)

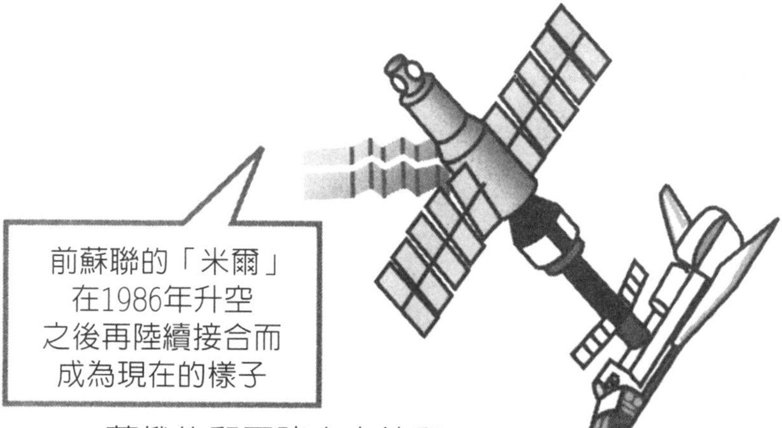
前蘇聯的「米爾」
在1986年升空
之後再陸續接合而
成為現在的樣子

蘇俄的和平號太空站和
太空梭於95年完成對接

# 6 揭開宇宙大航海時代序幕的太空梭

## ★跨越「挑戰者號」的悲劇

### ◆從「可拋棄式火箭」到噴射客機感覺的太空梭

隨著太空開發的進展，對於每次發射火箭所花費的巨額費用的節約已是事在必行了。

於是，耗時10年所開發出來的***太空梭**登場了。NASA製造出這種可以像火箭一樣離陸後就轉成太空船，回程重返大氣層後又能像飛機一樣滑行著陸，如同科幻般的交通工具。

名爲「軌道器」的太空聯絡船全長37公尺。前半部有組員艙，後半部則是酬載艙。在這裏放置有實驗的器材和人造衛星。

第一架太空梭是**哥倫比亞號**，於1981年4月12日完成了處女航。當初曾發生引擎問題而導致外側的耐熱貼面剝離等多重意外，隨著2號機**挑戰者號**、3號機**發現者號**和4號機的**亞特蘭大號**的開發，安全性和實用性日益昇高，即使不是什麼健壯的飛行員，只要受過基本訓練便可以遨翔於太空之中。

86年1月，因爲挑戰者號在升空後隨即爆炸的悲劇發生，太空梭又改進許多，92年9月***毛利衛**先生以乘組員的身份成爲搭上太空梭的第一位日本人。

*太空梭
(space shuttle)
梭子原是織機中用來攜帶線往返來回的裝置，因其來來又去的特性故取名為梭子。蘇聯也在88年發射了同樣的太空梭「暴風雪號」。

*毛利衛
踏出太空的第二位日本人。在毛利先生之前還有原TBS的秋山記者曾停留在俄國的和平號太空船上，因而獲贈「日本人第一位」的稱號。

# 太空梭

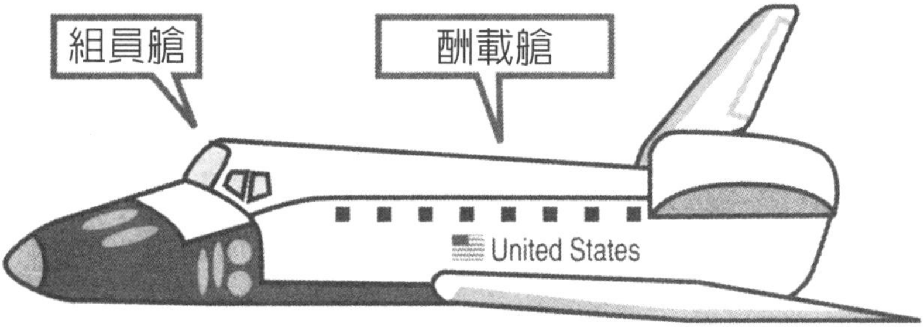


集合各地的人造衛星進行放置、回收的工作

92年的毛利衛先生，94年的向井千秋女士
96年的若田光一先生都曾搭乘過

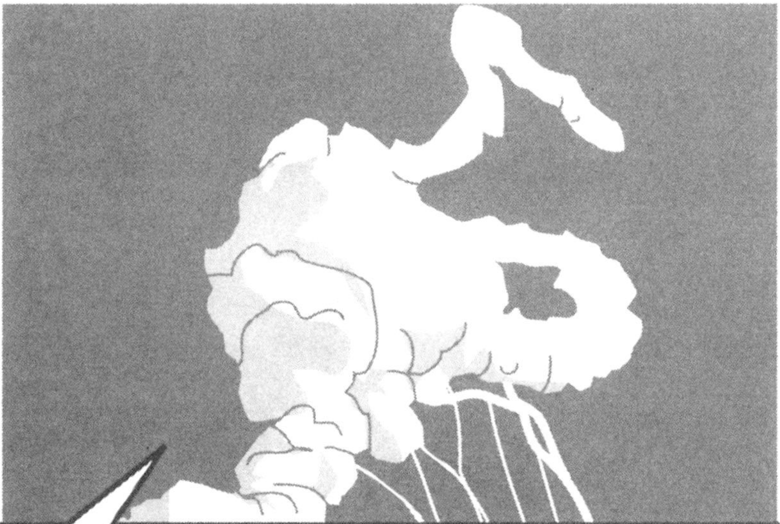

1986年　挑戰者號的爆炸事故
造成了 7 名犧牲者

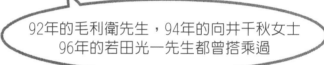

# 7 從行星探測船「先鋒號」到「火星探路者號」

## ★裝載著給外星人的訊息的遙遠航程

### ◆飛出太陽系的先鋒10號

代替人類被派遣到人類尚未觸及的未知領域的，就是行星探測船。

在60年代到70年代興盛時期被發射升空的行星探測船，在月球、火星、金星和水星等太陽系的行星探測上獲得了極大的成果。初期，有美國的「探測者號」及「月球軌道飛行器」和蘇聯的「月球號」對月球、蘇聯的「金星號」對金星、美國的***水手號**則對金星、火星、水星做過探測。

經過照片和資料而逐漸明朗化的太陽系行星們的眞面目，讓天文學家們不只一次的讚歎。而其先驅者當可推美國的**先鋒10號**、**11號**。

它們於73年和74年分別飛越木星，79年開始向土星接近，爲我們傳回了許多珍貴的資料。10號在83年通過海王星的軌道，成爲踏出太陽系之外的最初的人工物體。直到現在，10號的電波仍不斷地傳來，默默地繼續著它的太空之旅。

若要列舉出行星探測船之中一些歷史性的成果，就屬美國的**航海家1號**、**2號**了。77年發射升空的這兩架探測船，79年朝木星接近，**1**號在80年、**2**號在81年分別通過土星附近，傳送回來相當貴重的畫面和資料。在木星的探測中，除了拍攝到

*水手號
水手號10號是唯一探測水星的探測船，並收集了水星中無大氣等的珍貴資料。

## 行星探測船

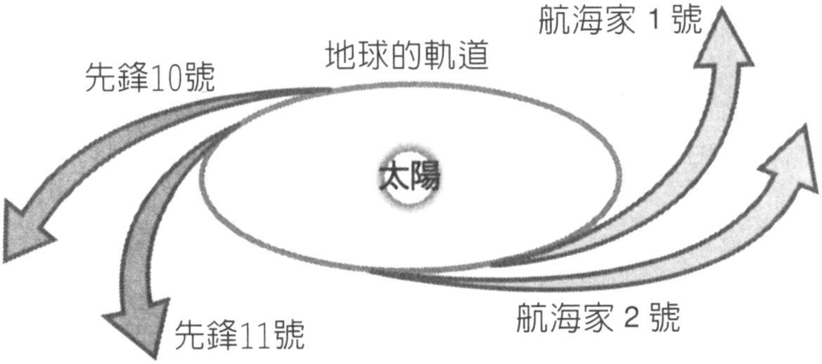
航海家 1 號
地球的軌道
先鋒10號
太陽
航海家 2 號
先鋒11號

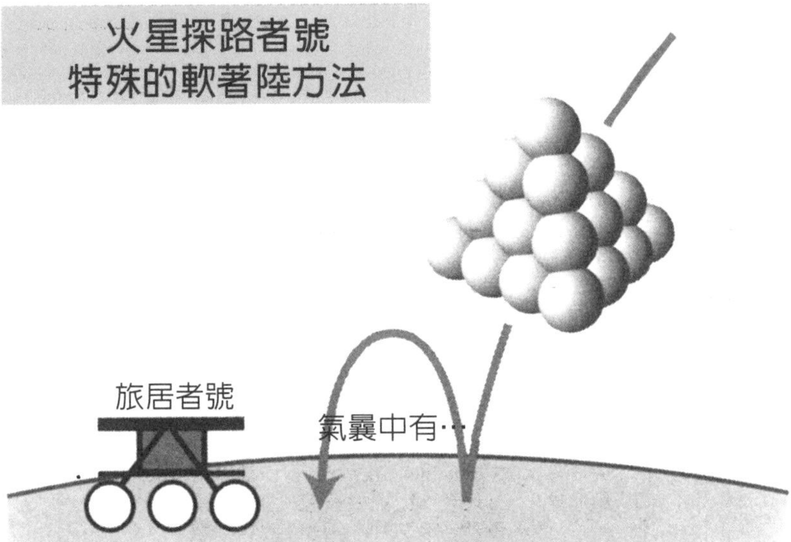
火星探路者號
特殊的軟著陸方法
旅居者號
氣囊中有‥

大紅斑鮮明的照片外，還發現了和土星一樣的環，衛星伊歐上的活火山也因而獲得確認。

此外，在土星探測中也證實了其許多的衛星和環是由冰粒所形成的事實。

## ◆火星探路者號和發現計劃

NASA自阿波羅計劃以來，因爲礙於財政的困境，除了太空梭外，一直將心力灌注在小型的行星探測船上，這就是所謂的**發現計劃**，而小行星探測船和前往火星的探測船是其主力所在。

最近，展現出成果的是火星探路者號(Mars Pathfinder)。97年**7**月在火星軟著陸成功的這架探測船，因其改良自汽車的安全氣墊的技術而能吸收衝撞力的嶄新點子而備受世人矚目。僅重11.5公斤的探測車「旅居者(Sojourner)」在火星地表來去自如，並收集了比先前更詳細的資料，讓學者們興奮莫名。

**火星探測**的主要目的，乃是在於調查生命存在的可能性。NASA曾發表過來自火星的隕石中檢測到疑似生命體的化石，因此認爲若是能實際自火星表面上採集到標本，其準確性將更形提高。

但是，有人指摘出光是表面稍嫌不足，往地下的探測也是必要的，因此，人類直接前往火星進行調查才是最妥當的方法。載人火星探測在技術上似乎仍有待突破，但或許在將來能實現也說不定。

＊火星探測(其他)

在「火星探路者」之後，預計還有「全球勘測者」會環繞火星。另外，木星探測船「伽利略號」在95年12月進入木星的周邊軌道。美國、歐盟共同的「卡西尼計劃」，則預計將於2004年在土星的泰坦衛星上進行軟著陸。

## 給外星人的訊息

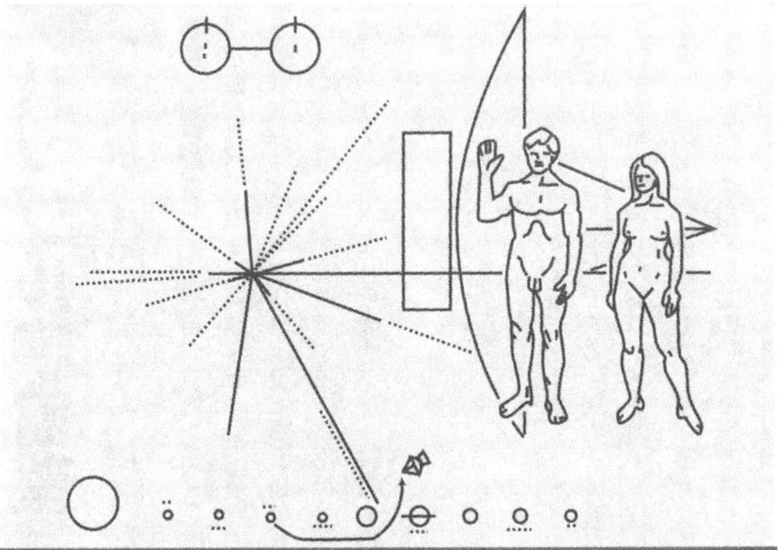

先鋒號上所攜帶的畫板上
描繪著男女人類、太陽系等景物

### 藉由電波傳送的訊息

向銀暈中的球狀星團M13送出1679個二進制數碼，在解讀後可出現如右的圖案

(阿雷西博信號——參照210頁)

# 8 哈伯太空望遠鏡所窺見到的宇宙

## ★來自高度610公里的大氣層外的鮮明影像能解開宇宙之謎嗎？

**◆彗星撞擊、超新星爆發……宇宙的新領域是引人入勝的**

行星探測船所能涵蓋的範圍幾乎全被限制在太陽系內，若是想觀察更遠的星系或星團，還是非得仰賴望遠鏡不可。

望遠鏡中除了施密特望遠鏡、折射望遠鏡和反射望遠鏡外，還有電波望遠鏡和紅外線望遠鏡，因為這些都是用來自地面上觀測用的，容易受到大氣的狀態和天候的影響。

將這些問題一併解決的，正是NASA的**哈伯太空望遠鏡**（HST）。1990年4月，乘坐著「發現者號」太空梭升空的這架望遠鏡，是口徑為2.4公尺的反射望遠鏡，在610公里的高空繞地球運行，是個能觀測到極遙遠的黑暗星體的劃時代裝置。

94年7月，在對撞擊木星的＊**休梅克—李維9號彗星**的觀測上，太空望遠鏡再度向我們證實了它的優越實力。其他諸如＊**超新星1987A**周圍的3圈環的存在，以及對在＊**M87星系**中心高速迴轉的氣體圓盤的觀測等，對現代的天文學而言，可說是個絕對不可或缺的重要工具。

＊休梅克—李維9號彗星 —參照150頁

＊超新星1987A —參照136頁

＊M87星雲
其中心可能就是黑洞

## 哈伯太空望遠鏡

觀測不受大氣和天候的影響

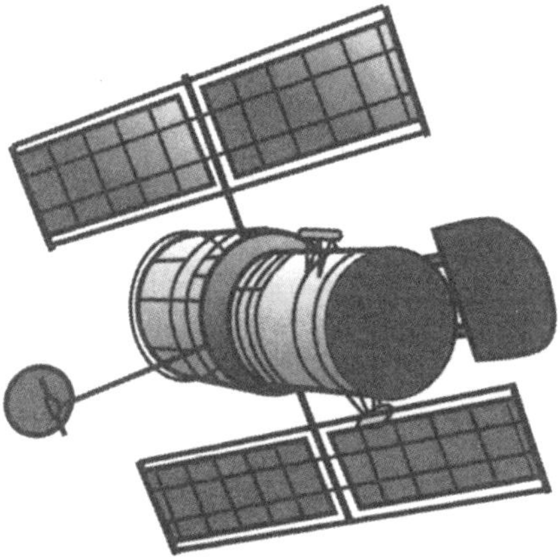

剛開始還因為聚焦不良和諸多故障而被認為失敗

現在則以鮮明的圖像大為活躍！

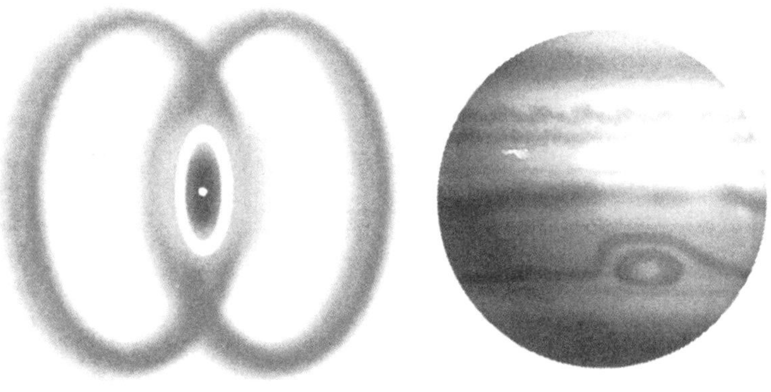

連超新星的 3 圈光環和木星的大紅斑
都能清楚地看見

# 9 太空站的建設何時著手？

## ★「太空工人」將活躍於月球表面和地球軌道上!?

### ◆透過太空梭和和平號的協助，太空基地ＩＳＳ—α的建設開始動工

１９８４年，美國的雷根總統發表了**載人太空基地計劃**，聯合美國、歐洲、加拿大和日本的力量，開始著手建設名爲「自由」的太空基地。這是寄望於太空梭的搬運能力的一項方案。

然而，因爲預算上的擱淺導致每年計畫都被迫停擺，規模也一年比一年縮減。接著，到了蘇聯解體後的93年，因爲獲得擁有***和平號**的俄國的協助，計劃終於得以著手進行，現在，太空基地ＩＳＳ—α的建設準備正在進行著。

97年以科學技術者的身份得以搭乘，並體驗過機器手臂操作和太空漫步的土井隆雄先生，正值此建設之際，預料他也將以其「太空工人」的身份活躍其中。只是，和平號上事故不斷，還是讓人深感不安。

另外，因爲最近在月球極地發現有冰的存在，有人月面基地的建設可能性也因而提高，看來21世紀將是「太空工人」們的忙碌時期了。

*和平號
前蘇聯時代所開發的太空船。97年，因為和發射自地球的補給船發生連接失敗的意外，以致於引發電力低下和電腦方面的問題，包含停留的ＮＡＳＡ太空人在內，乘組員們的安全令人憂心不已。

## 太空站

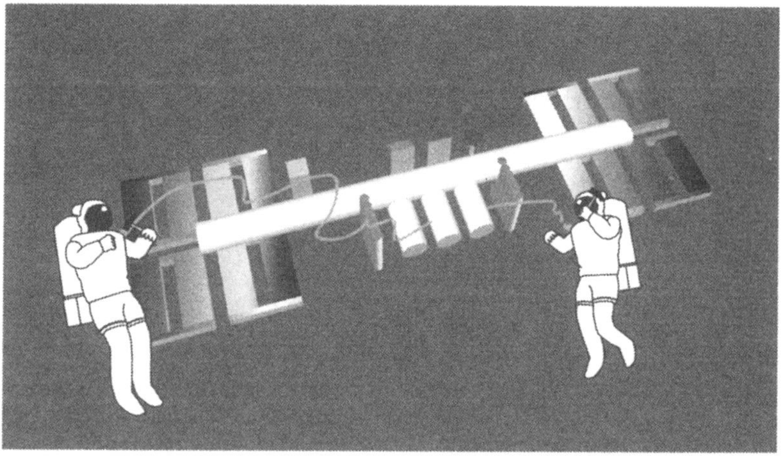

「太空工人」在太空站的建設中大為活躍！

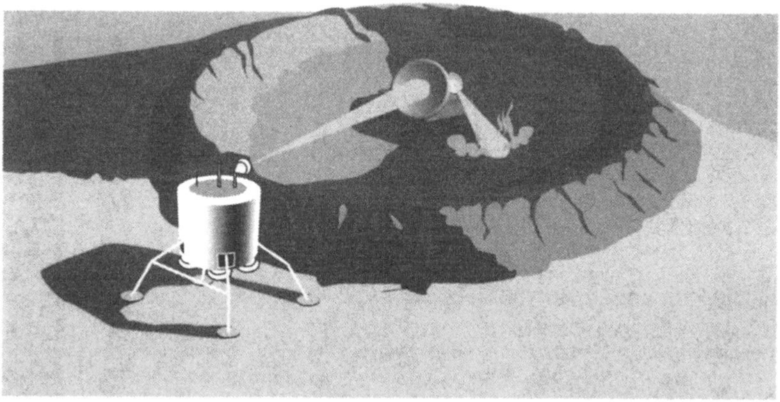

在月球的南、北兩極發現有1100萬噸～3億3000萬噸的冰

**為有人月面基地的建設打開了大門**

# 10 日本也正在努力中的太空開發和探測

## ★日本版的太空梭「太空飛機（SPACEPLANE）」能完成太空之旅嗎？

*宇宙開發委員會
決定火箭開發和衛星發射等日本太空開發相關事宜的最高機關。由科學技術廳長官擔任委員長一職。

### ◆還有月面基地的計劃！

日本的太空開發和探測，是以*宇宙開發委員會、宇宙開發事業集團爲核心在進行著的。

純日本製火箭的H－2雖然升空失敗，但今後仍然有利用無人機器人來開發具備天文台的有人月面基地的理想計劃，叫人充滿期待。

此外，1997年2月，領先全世界的太空VLBI衛星HARUKA（遙遠）研發成功。「HARUKA」上裝載有電波望遠鏡，和地面上的電波望遠鏡一併朝向同一目標的話，將可以前所未有的精密度觀測到宇宙的電波。

在實用開發方面，則有可稱之爲日本版的太空梭計劃。以「太空飛機」爲名的這項計劃，在宇宙開發委員會中早已開始進行著基礎研究，它不只可往返於外太空，據說還研發了可以用2小時橫渡整個太平洋的超超高速客機。

以東京三鷹市的國立天文台爲中心所進行的觀測也收獲頗豐。而除了長野縣野邊山上口徑45公尺的電波望遠鏡外，還有乘鞍光冠觀測所、岡山天體物理觀測所和堂平觀測所等，都在與世界各地天文台的共同研究中有長足的進步。

# 日本的太空開發

世界第一個太空VLBI衛星「HARUKA」

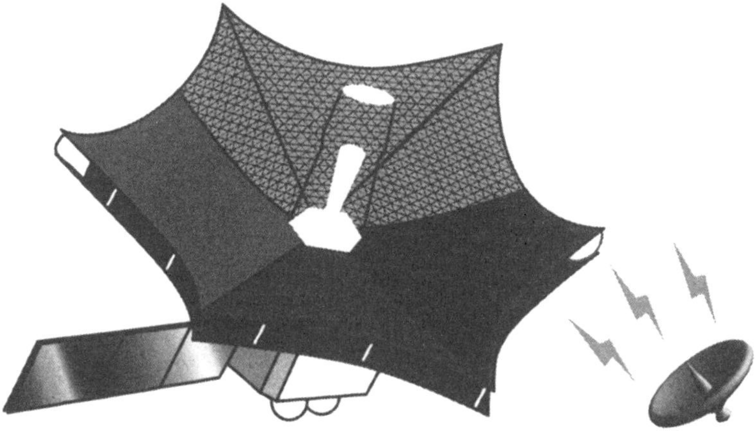

VLBI(very long baseline interferometry，特長基線干涉儀)
可以與地面上的電波望遠鏡聯合以觀測天體

日本版的太空梭「太空飛機」
會在21世紀實現嗎？

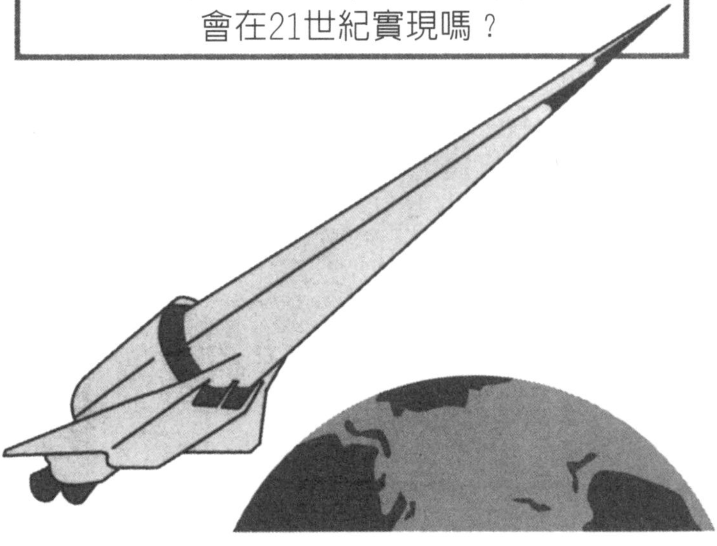

# 11 和外星人通訊的可能性？

## ★接收來自地球外文明訊息的日子必將來臨!?

### ◆薩根和德雷克的「宇宙通信」現在正在「等待回音」

一說到外星人，或許大家馬上會聯想到UFO之類的。但是，不談那種「前來訪問地球的外星人」，在世界的天文學家中，相信地球外存在知能生物的大有人在。

1974年，位於波多黎各＊**阿雷西博**的一架口徑305公尺的電波望遠鏡持續在3分鐘內向宇宙發送內含圖像訊息。策劃這項行動的，是在先鋒號和航海家號中放置「給地球外文明的信」的＊**卡爾．薩根**，以及因**奧茲瑪計劃**而聞名的＊**富蘭克．德雷克**。

NASA為紀念哥倫布到達新大陸500年，92年開始進行稱為MOP外星人的探測計劃。那是一個利用巨大電波望遠鏡以捕捉來自外星人的電波的計劃，但因為預算不足而被迫中止。

地球外文明是否存在，至今仍無法確認。然而，或許有一天我們會接收到來自鄰人的訊息也說不定，這真是一件光用想像就叫人愉快的事呢！

＊阿雷西博
阿雷西博信號
——參照203頁

＊卡爾．薩根
(Carl Sagarl)
原康乃爾大學教授。於1997年去世。對外星人存在的可能性多所指摘。

＊富蘭克．德雷克
(Frank Drake)
1960年進行用電波望遠鏡尋找外星人的「奧茲瑪計劃」。還發表有估算地球外文明可能數目的「德雷克公式」。

地球是「宇宙的孤兒」嗎？
還是……？

# 圖解
# 生活物理世界

小暮陽三◎著
張厚江博士◎譯
郭淑娟◎譯
184頁．25K
定價N.T.200元

從力學開始一直到粒子物理學，
本書將整個物理學的精髓組合在一起，
並儘量做到理論與實際的配合，以深入淺出的筆調，
把近代物理的最新成果和應用作了重點介紹；
同時為了簡單、明瞭的講解，
書中採用了大量圖解的方法，
使讀者在欣賞之餘，更容易吸收知識。

科學視界 系列特別推薦

# 圖解
# 宇宙的構造

磯部琇三◎著
阮國全◎總審訂
郭淑娟◎譯
184頁・25K
定價N.T.190元

用眼睛看圖比閱讀文字簡單，所以經由最新的觀測技術，
舉凡宇宙的起源、銀河的誕生、
星球的誕生及死亡、銀河系的構造、
太陽的活動及行星的真面目等等，都已逐漸的明朗化；
本書以圖片的方式為你呈現宇宙的新面貌，
帶你一窺宇宙的秘密與豐富的寶藏。

通俗的・生活的
＊＊＊＊＊＊＊＊＊＊＊
科學視界10

# 不可思議的宇宙


原著監修／鳥海光弘
編　　者／愛德華
中文審訂／李精益
譯　　者／徐華鋏
主　　編／羅煥耿
編　　輯／黃敏華、翟瑾荃
美　　編／林逸敏、鍾愛蕾
發 行 人／簡玉芬
出 版 者／世茂出版有限公司
負 責 人／簡泰雄
地　　址／（231）台北縣新店市民生路19號5樓
登 記 證／局版台省業字第564號
電　　話／（02）22183277（代表）
傳　　真／（02）22183239
劃　　撥／19911841・世茂出版有限公司
電腦排版／印前製作工坊
製版印刷／祥新印刷事業有限公司
初版一刷／1999年12月
　　五刷／2007年5月

定　　價／200元

國家圖書館出版品預行編目資料

不可思議的宇宙 / 愛德華編. --初版. --臺北縣新店市
：世茂，1999〔民88〕
面；公分. --（科學視界；10）

ISBN 957-529-870-5(平裝)

1. 宇宙 2. 宇宙論

323.9 88015784

世茂出版社 世茂出版社 世茂出版社 世茂出版社
世潮出版公司 世潮出版公司 世潮出版公司 世潮出版公司
世茂出版社 世茂出版社 世茂出版社 世茂出版社 世茂出版社
世潮出版公司 世潮出版公司 世潮出版公司 世潮出版公司 世潮出版公司
世茂出版社 世茂出版社 世茂出版社 世茂出版社 世茂出版社
世潮出版公司 世潮出版公司 世潮出版公司 世潮出版公司 世潮出版公司
世茂出版社 世茂出版社 世茂出版社 世茂出版社 世茂出版社
世潮出版公司 世潮出版公司 世潮出版公司 世潮出版公司 世潮出版公司
世茂出版社 世茂出版社 世茂出版社 世茂出版社 世茂出版社
世潮出版公司 世潮出版公司 世潮出版公司 世潮出版公司 世潮出版公司
世茂出版社 世茂出版社 世茂出版社 世茂出版社 世茂出版社
世潮出版公司 世潮出版公司 世潮出版公司 世潮出版公司 世潮出版公司
世茂出版社 世茂出版社 世茂出版社 世茂出版社 世茂出版社
世潮出版公司 世潮出版公司 世潮出版公司 世潮出版公司 世潮出版公司
世茂出版社 世茂出版社 世茂出版社 世茂出版社 世茂出版社
世潮出版公司 世潮出版公司 世潮出版公司 世潮出版公司 世潮出版公司
世茂出版社 世茂出版社 世茂出版社 世茂出版社 世茂出版社
世潮出版公司 世潮出版公司 世潮出版公司 世潮出版公司 世潮出版公司
世茂出版社 世茂出版社 世茂出版社 世茂出版社 世茂出版社
世潮出版公司 世潮出版公司 世潮出版公司 世潮出版公司 世潮出版公司
世茂出版社 世茂出版社 世茂出版社 世茂出版社 世茂出版社
世潮出版公司 世潮出版公司 世潮出版公司 世潮出版公司 世潮出版公司

世茂出版社
世潮出版公司
世茂出版社 世茂出版社 世茂出版社 世茂出版社
世潮出版公司 世潮出版公司 世潮出版公司 世潮出版公司
世茂出版社 世茂出版社 世茂出版社 世茂出版社 世茂出版社
世潮出版公司 世潮出版公司 世潮出版公司 世潮出版公司 世潮出版公司
世茂出版社 世茂出版社 世茂出版社 世茂出版社 世茂出版社
世潮出版公司 世潮出版公司 世潮出版公司 世潮出版公司 世潮出版公司
世茂出版社 世茂出版社 世茂出版社 世茂出版社 世茂出版社
世潮出版公司 世潮出版公司 世潮出版公司 世潮出版公司 世潮出版公司
世茂出版社 世茂出版社 世茂出版社 世茂出版社 世茂出版社
世潮出版公司 世潮出版公司 世潮出版公司 世潮出版公司 世潮出版公司
世茂出版社 世茂出版社 世茂出版社 世茂出版社 世茂出版社
世潮出版公司 世潮出版公司 世潮出版公司 世潮出版公司 世潮出版公司
世茂出版社 世茂出版社 世茂出版社 世茂出版社 世茂出版社
世潮出版公司 世潮出版公司 世潮出版公司 世潮出版公司 世潮出版公司
世茂出版社 世茂出版社 世茂出版社 世茂出版社 世茂出版社
世潮出版公司 世潮出版公司 世潮出版公司 世潮出版公司 世潮出版公司
世茂出版社 世茂出版社 世茂出版社 世茂出版社 世茂出版社
世潮出版公司 世潮出版公司 世潮出版公司 世潮出版公司 世潮出版公司
世茂出版社 世茂出版社 世茂出版社 世茂出版社 世茂出版社
世潮出版公司 世潮出版公司 世潮出版公司 世潮出版公司 世潮出版公司
世茂出版社 世茂出版社 世茂出版社 世茂出版社 世茂出版社
世潮出版公司 世潮出版公司 世潮出版公司 世潮出版公司 世潮出版公司